Der „Heißzeit" entgegen

Wer die Nachrichten zum Klimawandel unvoreingenommen verfolgt, kommt inzwischen an einer deprimierenden Folgerung nicht vorbei: Nur ein „Wunder" "kann uns noch vor einer Katastrophe bewahren. In den Niederungen der alltäglichen politischen und journalistischen Geplänkel mangelt es allerdings an Inspiration, die weit genug vom Vertrauten abhebt - eine "absurde Idee", so forderte es Albert Einstein. Ein derartiger Gedanke wird hier entfaltet: Energiegewinnung - und weit mehr - an einem Ort, der bisher außerhalb der Erwägungen lag: in der Stratosphäre, mittels „Leichter-als-Luft-Technologien" bereits heute in Reichweite. Mit dem Gelingen - der Umsetzung des „GIGA-Plans" - wäre tatsächlich das Wunder vollbracht, welches vor dem Schlimmsten bewahrt.

Die Hindernisse sind allerdings gewaltig. Nicht nur Abwiegelungsrhetorik verstellt den Weg. In scheinbar paradoxer Weise hemmen gerade Wortführer der Klimawende den notwendigen technologischen und kulturellen Paradigmenwechsel. Sie fokussieren die Diskussion auf den CO_2-Faktor und verstellen mit unterkritischer Diagnose und Rezeptur den Blick auf die wahre Größe des Problems und dessen sachgerechte Bewältigung, die auch die Abwehr bzw. Reflexion überschüssiger Energie umfassen muss. Zudem werden falsche Rücksichtnahmen der Politik zunehmend zur Gefahr.

So wird letztlich vor allen technischen und sonstigen Herausforderungen die Antwort auf Bertrand Russells Frage zur zentralen Weichenstellung unserer Zukunft:

> *„Wie können wir die Menschheit dazu überreden,*
> *in ihr eigenes Überleben einzuwilligen?"*

Reinhard Stransfeld

Der „Heißzeit" entgegen

Wege

der Klimakatastrophe

zu entgehen

Bibliografische Information der Deutschen Nationalbibliothek
Die Deutsche Nationalbibliothek verzeichnet diese Publikation in der Deutschen Nationalbibliografie; detaillierte bibliografische Daten sind im Internet über http://dnb.d-nb.de abrufbar.

Copyright © 2018 Reinhard Stransfeld
Stand 2/2023
Herstellung und Verlag: BoD - Books on Demand , Norderstedt
Bildnachweis: Paul Klee, Ad Marginem (Front cover)
ISBN: 9783752873894

Inhalt   Seite

☆ Empfohlener Lesepfad für einen Schnelldurchgang

Einführung

Das „Kassandra-Syndrom"

Werden Immobilieninvestoren unruhig, ist es ein Indiz dafür, dass die Botschaft tatsächlich in der Mitte der Gesellschaft angelangt ist:

<*Die Klimakatastrophe wird uns nicht verschonen.*>

Das ist deutlich vor Mitte des Jahrhunderts zu erwarten – also noch bevor die hafennahen Innenstädte von Bremen und Hamburg, Kiel und Rostock bei Sturm und Flut regelmäßig unter Wasser stehen.

Immer noch findet ein Hörnerstoßen zwischen Meinungspolen statt. Als "Panikmacher" oder "Abwiegler" brandmarken sie sich gegenseitig. Die konfligierenden Positionen verkörpern zwei journalistischen Statements Mitte Juni 2019:

1. „Stirbt die Menschheit aus?" versus
2. „Die Angst spielt mit im Panikorchester".

Wer eine eigene Position sucht, sollte sich einer Gestalt der griechischen Mythologie erinnern: Kassandra. Ihr tragisches Los war es, Katastrophen vorherzusehen und stets Recht zu behalten. Dies, weil niemand daran glaubte und daher keine Vorkehrungen zur durchaus möglichen Verhinderung des Unheils getroffen wurden.

In der Psychoanalyse wird diese Haltung als „Kassandra-Syndrom" charakterisiert: *„institutionalisierte und verinnerlichte Glaubenssysteme, die dem seelischen Selbstschutz der Mehrheitsgesellschaft dienen"*.[1] Daraus erwachsen nicht selten falsche Gewissheiten und Hochmut. Etwa, dass Politiker demonstrierenden Schülern empfehlen, zur Schule zu gehen, um dort etwas Vernünftiges zu lernen. Demgegenüber wirkt der Rat des Autors von Statement 2 auf den ersten Blick intelligenter: *„Vernünftig ist es, sich gut auf die Folgen des Klimawandels vorzubereiten"*. Der Eindruck verliert sich, wenn man sich die von diesem Journalisten zu erwartende Antwort auf eine fiktive Frage vorstellt: <*Was kann man tun, wenn man mit dem Auto auf den Gleisen vor einem heranrasenden Güterzug festsitzt?*> Vermutlich wird er sagen: <*Nehmen Sie einen Wagen mit dickerem Blech.* >

Leider ist der Vergleich nicht abwegig. Der verbreitete Euphemismus vom "Klimawandel" weist auf das Wirken des Kassandra-Syndroms. Die zerstörerische Wucht dessen, was auf uns zukommt, ist mit der Zug-Metapher treffend gewürdigt. Was muss geschehen, um sich dem einschläfernden Syndrom zu entziehen und Bereitschaften zu einem problemadäquaten Handeln freizusetzen?

Stolpernde Wissenschaft

Gewöhnlich gilt die Wissenschaft als berufen, auch unbequemen Wahrheiten Raum zu verschaffen. Seit 25 Jahren haben ihre Prognosen zur Klimaentwicklung Konjunktur. Inzwischen überschlagen sich jedoch die Meldungen über deren Scheitern. Bis vor kurzem gab es so gut wie keine Vorhersage, die nicht von den dynamischen Entwicklungen der Wirklichkeit überholt worden wäre.[2] Ein Beispiel: Der Permafrost taut mit ungeahnter Geschwindigkeit.

> *„Aktuelle Messungen weisen nach, dass der Boden in einigen kanadischen Regionen bereits so stark abgetaut ist, wie es Klimaexperten eigentlich erst für das Jahr 2090 erwartet hatten."*[3]

In Deutschland konnten sich die „Abwiegler" allerdings einige Zeit auf eine Quelle berufen, die kaum namhafter sein könnte. Die Max-Plank-Gesellschaft publizierte 2015 den Report „*Die Zukunft des Klimas*" mit der Prognose eines Anstiegs des Meeresspiegels zum Jahr 4000! um 4 Meter (S.17). Also zwei Meter pro Jahrtausend! Das lädt dazu ein, sich entspannt zurückzulehnen und alles Weitere getrost künftigen Generationen zu überlassen.

Wie die Max-Plank-Gesellschaft zu dieser Aussage gelangt, wird nicht ausgeführt. Offenbar bediente sie sich Informationen, die bis zur Eiszeit zurückreichen. => Anh. 1: Eisschmelze und Wasserstand] Danach hat sich nach einer Jahrtausende während Phase äußerst langsamer, gleichmäßiger Steigerung der Meeresspiegel im 20. Jahrhundert immerhin um 20 cm erhöht. Dieses Maß wurde offensichtlich als Basis für die weitreichende Prognose gewählt. Dabei blieb unbeachtet, dass in den letzten drei Jahrzehnten des 20. Jh. eine deutliche Beschleunigung festgestellt wurde. Heute gilt als wahrscheinlich, dass es bis zum 2100 ein Meter sein wird. Gegebenenfalls aber auch zwei, will das IPCC nicht ausschließen, wenn der antarktische „Doomsday"-Gletscher freigesetzt wird.

Klimagase[4] stoppen Teile der langwelligen Wärmestrahlung und reflektieren sie zurück zum Boden. Wolken spielen in diesen Vorgängen ebenfalls eine wesentliche Rolle. In dem Maße, wie nun der Mensch den Anteil der Klimagase in der Atmosphäre erhöht, steigen die Temperaturen – er wird zum "Brandbeschleuniger". Eine Sicht, die auf die physikalischen Gegebenheiten fokussiert, unterschätzt allerdings leicht die kulturellen Anteile an den Veränderungen. Diese Erkenntnis ist älter als allgemein vermutet.

Der französische Mathematiker Jean-Baptiste-Fourier fand um 1820 den physikalischen Hintergrund des »Treibhauseffektes« heraus – dass der Wasserdampf in der Atmosphäre verhindert, dass das gesamte von der Erde reflektierte

Sonnenlicht zurück in das All entweicht. Um 1860 hatte der irische Physiker John Tyndall entdeckt, dass durch eine höhere Konzentration von Kohlendioxyd mehr Sonnenwärme in der Erdatmosphäre gespeichert wird. Zu dieser Zeit schritt die Industrialisierung rasant fort. 1896 berechnete der schwedische Chemiker Svante Arrhenius, wie eine zunehmende Kohlendioxyd-Dichte das Weltklima erwärmt. Ihre Verdoppelung würde die durchschnittlichen Temperaturen global um durchschnittlich fünf bis sechs Grad Celsius erhöhen (Preuß 205, 71). Schließlich erklärte der deutsche Nobelpreisträger Wilhelm Ostwald 1909, dass die »dauerhafte Wirtschaft« sich »ausschließlich auf die regelmäßige Benutzung der jährlichen Strahlungsenergie (der Sonne)« gründen müsse. [5]

Und heute? Die Verdopplung der CO_2-Dichte in der Atmosphäre hat sich langzeitlich bereits zur Hälfte vollzogen. Dennoch wurde noch vor gut 10 Jahren vermutet, dass sich ein Temperaturanstieg um 2 Grad bis zum Jahr 2100 hinziehen würde. Seitdem verkürzte sich die verbleibende Zeitspanne drastisch. Gleichzeitig wurde die kritische Größe von 2 auf 1,5 Grad herabgesetzt. Ab dann, so die Besorgnis, sind „Kipppunkte" überschritten und es setzen Selbstverstärkungsautomatismen ein. Wegen der extrem langen Verweildauer von CO_2 in der Atmosphäre wäre dem selbst mit Null-Emissionen nicht mehr beizukommen. Zudem hat man das Zeitfenster auf 2040 zurückgenommen – passend zum Kohleausstieg bis zum Jahr 2038. Man erahnt die kommunizierenden Röhren zwischen Politik und Wissenschaft.

Wiederum stellt sich die Frage, wie realistisch neue Ansagen sind. Einer Klärung dient die Sicht auf die bisherige Dynamik. Auf den ersten Augenschein mag die Entwicklung unauffällig erscheinen. Ist doch die Welttemperatur in den 140 Jahren seit Beginn der umfassenden Datenerfassung in den 1880er Jahren lediglich um 1,4 auf nunmehr ca. 15° C angestiegen. Diese überschaubare Zunahme ist wahr und doch trügerisch. Dem genaueren Blick offenbart sich eine dramatische Zuspitzung. Die Temperatur stieg

- um 0,4° C von 1880 bis 1990,
- um 0,4° C von 1991 bis 2010,
- um 0,4° C von 2011 bis 2017,
- um 0,3° C von 2018 bis 2020.[6]

Inzwischen hat die Bundesregierung einen inoffiziellen Notstand ausgerufen. Die 1,5-Grad-Grenze sollte (weltweit) eigentlich erst 2040 erreicht werden. Nun sei es in Deutschland bereits jetzt der Fall, inzwischen offiziell auf 1,6° Grad angehoben. Tatsächlich sind es seit 1880 bereits 2,8° C; von 7,6 auf 10,4° C in den Jahren 2018 bis 22 – jedenfalls in Deutschland.[7]

Nach bisherigem Verständnis werden damit Selbstverstärkungseffekte zum Tragen kommen:

➤ Mit dem Auftauen der Permafrostgebiete in Sibirien und Kanada werden riesige Mengen Methan freigesetzt – ein Gas, welches einen mehr als zwanzigfach stärkeren Klimaeffekt als Kohlenstoffdioxid (CO_2) hat.[8]

➤ Wandeln sich Eis- in Wasserflächen, sinkt die Albedo, die Rückstrahlung reflektierender Flächen, von 80 bis 90 Prozent auf bis unter fünf Prozent. Inzwischen entdeckte Feinstaubablagerungen auf dem verbleibenden Eis reduzieren die Reflexion zunehmend.

➤ Mit der Erwärmung steigt der Wasserdampfgehalt der Atmosphäre, der bedeutendste Faktor unter den Klimagasen.

➢   Die bisherigen Senken für CO_2 in den Weltmeeren könnten bald/bereits gesättigt sein.

➢   Der weltweit dramatische Rückgang des Grundwassers nimmt dem Boden die Fähigkeit, Wärme zu aufzunehmen und somit der Atmosphäre zu entziehen. Mit zunehmender Wärme steigt der Wasserverbrauch, wodurch der Grundwasserspiegel weiter sinkt. => Anh. 7]

➢   Zunehmend wird Methan aus den tauenden Permafrostböden des Festlands und des nördlichen und südliche Polarmeeres sowie aus weltweit austrocknenden Uferstreifen von Flüssen und Seen freigesetzt.

➢   Jetstream und Golfstrom könnten vollständig schwinden mit noch nicht absehbaren Folgen, insbesondere für extreme Wetterereignisse.

Noch wird das Steigen des Meeresspiegels in Millimetern und Zentimetern gemessen. Doch bricht das Eisschild auf Grönland oder das Schelfeis vor der Westantarktis, was in einem überschaubaren Zeitraum zu erwarten ist, wird man sich an Veränderungen im Dezimeterbereich und mehr gewöhnen müssen.

Viel früher wird aber die Hitze Opfer fordern. Steigt die Körpertemperatur über 42° C, verklumpen Eiweißstoffe, so das für den Sauerstofftransport im Blut zuständige Hämoglobin. Die Folgen sind tödlich. Im Zusammenwirken von Temperatur und Luftfeuchtigkeit können letale Situationen ab 35° C eintreten. In absehbarer Zeit wird es in tropischen und subtropischen Regionen sommerliche Perioden mit Temperaturen um 50° C (im Schatten) geben. Zudem werden dann die nächtlichen Temperaturen deutlich über 30° C betragen. Das kann der menschliche Metabolismus nicht dauerhaft verkraften.[9]

Wahrlich ein Schreckensszenario, welches sich auftut.

Zweifler könnten darin Angriffspunkte finden. Die Steigerung der Erddurchschnittstemperatur um 1,5 Grad sei zu hoch. Es gäbe wissenschaftliche Aussagen, die den Stand gegenwärtig bei 1,1 Grad sähen, andere sogar bei 0,9 Grad. Dabei ist zu berücksichtigen, dass es unterschiedliche Ansätze der Erfassung gibt. In Deutschland setzte die umfassende Wetterbeobachtung in 1880er Jahren ein. In den USA war es das Jahr 1900.

Globale Werte verdecken zudem Abweichungen. So ist die nördliche Hemisphäre um ca. 1,5 Grad Celsius wärmer als die Südhalbkugel. Ferner steigt die Lufttemperatur über dem Festland doppelt so rasch an wie die Temperatur der Ozeane. Für Deutschland sind die Daten u.a. auf https://www.Wetterkontor.de/wetter-rueckblick/ einzusehen.

➢ Die Durchschnittstemperatur ist seit den 1970er Jahren bis zum Zeitraum 2014 bis 2018 um 1,8° C gestiegen, ab 1880 um 2,4° C.[10] Die Steigerung pro Jahrzehnt (Jz) wuchs ab 1960 bis 2010 von etwa 0,2 auf ca. 0,6 Grad. Nunmehr ist eine Steigerung von etwa 1° C/Jz zu erwarten.

➢ Zudem gibt es seit längerem einen Trend zu verringerten Niederschlägen sowie zu vermehrten Sonnentagen. Ins kollektive Gedächtnis ist der Sommer 2018 eingegangen, betrug doch der Niederschlag lediglich 54% des langjährigen Durchschnitts. Vergleichbar verlief das Jahr 2022. Überdies gewinnt Starkregen zunehmend Anteil, der nur gering in den Boden eindringt.

Die öffentlich diskutierten Temperaturen sind deutlich niedriger. Dabei stützt sich die Regierung auf Daten des Deutschen Wetterdienstes (DWD), damit auf eine spezifische Berechnungsmethode.[11] Auf der Basis vieljähriger Mittelwerte (30 Jahre) wird ein linearer Trend gebildet. Darin sind drastische Steigerungen wie in den letzten 5 Jahren eingeebnet. Der Entwicklung wird damit die Dramatik genommen. Einem nachvollziehbaren politisches Interesse dienend, wird so eine Verschleierung der Wirklichkeit bewirkt. Dennoch zeigen die Daten zur langfristigen Klimaentwicklung bereits eine Steigerung um mehr als 2 Grad auf.

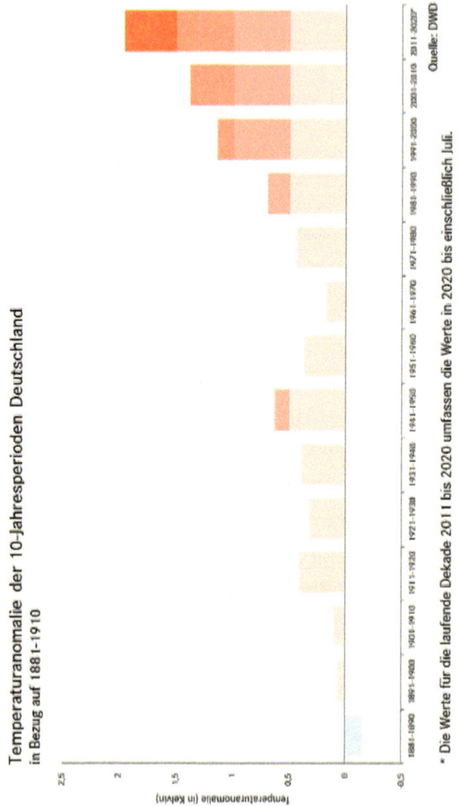

Quelle: https://www.dwd.de/DE/klimaumwelt/aktuelle meldungen/200910/fakten_zum_klimawandel.html?nn=344870

Diese Informationen, als Basisdaten frei verfügbar, bleiben in der öffentlichen Diskussion unbeachtet. Wie kann es also sein, dass die Bundesregierung behauptet, dass es 1,6° C seien? Sie betreibt ein Versteckspiel. Neuerdings wird als Basis für den Temperaturvergleich nicht mehr 1880, sondern 1980 herangezogen. Mit diesem Trick werden 0,6 Temperaturanstieg eingeebnet und die Welt ist wieder heil.

Der langjährige Trend ist deutlich und dramatisch. Längst ist das Land in die Tabuzone jenseits der Zwei-Grad-Grenze geraten, die auf die Steigerung ab dem Beginn der Industrialisierung bezogen ist.

Ist es richtig, dass die ganze schreckliche Wahrheit nicht klar ausgesprochen wird, um Panik, Hedonismus oder Escape-Tendenzen zu vermeiden? Oder sollte die Wissenschaft sich konsequent ”ver-ehrlichen”? Zuweilen geschieht es. So wird in einer Studie ausgeführt, dass die 2-Grad-Grenze bei einem atmosphärischen Gehalt von 800 Gt Kohlenstoff überschritten wird. Ergänzend erfolgt der Hinweis, dass bereits 900 Gt erreicht sind. Damit wäre eine selbstverstärkende Dynamik eingeleitet, der „Rubikon“ zur Katastrophe überschritten. (s. G. Brasseur u.a., EN 10)

Auffällig ist die Altersschere, die sich in der Gesellschaft auftut. Mit der Fridays-for-Future-Bewegung haben sich junge Menschen eine Plattform geschaffen, von der aus sie dafür sorgen, dass die Gesellschaft das Problem nicht mehr vor sich herschieben kann. Neuerdings verschärft die „Letzte Generation“ die Form des Protestes. Das ist verständlich, werden doch s i e die noch gar nicht voll absehbaren Folgen ertragen müssen. Ältere hoffen offenbar, die ihnen verbleibenden Lebenszeit weiterhin ungetrübt genießen zu können. Und es handelt es sich um

Wähler! Diesem Sachverhalt hat die Wissenschaft bisher vielfach, wohl unwissentlich, in die Hände gespielt.

Wissenschaft manifestiert sich nicht zuletzt im „Messen". So wird mit Akribie das Dahinscheiden der Natur begleitet, in Daten gewandelt und aufgezeichnet. Der Zukunft ist allerdings eigen, dass sie im Dunkel liegt, sich somit dem Messen entzieht. Sicher kann man daher erst sein, wenn die Zukunft neue Wirklichkeit geworden ist. Im Klimawandel war in der Vergangenheit die nachfolgende Realität ein um das andere Mal den Annahmen zu künftigen Verhältnissen enteilt und die Wissenschaft stolperte hinter der nächsten neuen Wirklichkeit her. Und so wurde jüngst für das Jahr 2100 ein Temperaturanstieg auf irreal niedrige 2,7° C prognostiziert. Also hat sich nichts wirklich verändert?!

Leider schwindet mit jedem Jahr, in dem der wahre Ernst der Lage übersehen oder verschwiegen wird, Spielraum für entscheidende Gegenmaßnahmen. Wer da meint, noch bis 2050 oder gar 2100 Zeit zu haben, sollte zur Kenntnis nehmen, dass es während der Eiszeit zu Temperatursprüngen um 6 bis 10 Grad innerhalb von 50 und sogar 10 Jahren gekommen war.[12] => Anh. 5: Ozonloch und Erdmagnetfeld]

Noch existieren Chancen. Sie haben allerdings nur bedingt mit dem zu tun, was heute als „Klimaheilung" (Verbannung des CO_2) verhandelt wird. Dieses Buch handelt davon. Doch sei zunächst ein Blick auf die Motivation geworfen, die zur unheilvollen Entwicklung beigetragen hat. Denn dieses Unheil wird man nicht allein mit praktischem Handeln bekämpfen können. Die Hand ist lediglich ausführendes Organ. Entscheidend sind Verstehen und Wille, die die Hand steuern.

Gottes Wort und die Folgen

*Sichtbar geworden ist das Verderben auf dem Festland und
im Meer ob dessen, was der Menschen Hände angerichtet.*

Gottes Hader ist verständlich, hatte er doch, *was auf der
Erde ist, für sie* (die Menschen) *zu einer Zierde gemacht, um sie zu
prüfen, wer von ihnen am besten handelt.* Überdies verweigern sie
sich dem Appell zur Einsicht, denn

*Sagt man zu ihnen: „Richtet auf der Erde kein Unheil an!",
dann sagen sie: „Wir sind es doch, die Heil bewirken!" /
Doch sind sie nicht die Unheilstifter, ohne es zu merken?*

Offenbart im Koran vor 1.400 Jahren[13], ist es ein Lehr-
beispiel für Hochmut und Ignoranz, dem Menschen offenbar genuin – ähnlich klingen heutzutage nicht selten
die Beteuerungen von Unternehmern, Politikern und Ingenieuren ob ihres Handelns. Eingedenk der Wirkmacht
von Technik ist allerdings das Schadenspotenzial ungleich
größer als zu Mohammeds Zeiten. Lokale Destruktion ist
zur globalen mutiert und das Schicksal des Lebens der
ganzen Welt steht auf dem Spiel.

Das hatte Gott gewiss nicht erwartet, als er dem Menschen zuvor weitreichende Vollmacht erteilte:

Mehret euch [...] und macht euch die Erde untertan![14]

Daraus nährte sich in manchen Kulturen der unselige
Glauben, *„das, was wir können, auch zu dürfen, nein: zu sollen,
nein: zu müssen."*[15] Und so ist der Anspruch auf unentweg-
tes Wachsen längst zum Wuchern missraten. Umgangs-
sprachlich formuliert, gilt es heute, kleinlaut einzugeste-
hen: „Nun haben wir die Bescherung!" Weniger salopp
klang bereits vor 25 Jahren ein Statement der UNO auf
dem Erdgipfel in Rio de Janeiro im Jahr 1992:

„Der Erde droht [...] die Vernichtung durch den Men-schen.“[16]

Ob der Verlust fruchtbarer Böden, die Verschmutzung von Wasser und Luft, schließlich die Einbuße der Artenvielfalt – stets hat der Mensch seine Hände im Spiel: E r hat es *„angerichtet“*. Und so sind die weltweiten CO_2-Emissionen seit der unheilschwangeren UNO-Prognose um 50 Prozent gestiegen und haben damit einen Allzeitgipfel erklommen. Ein Beleg dafür, dass Akklamationen ohne gute Taten wertlos sind.[17]

Lange wurden von manchen Gruppen und Interessen Kausalitäten zwischen dem Zustand der Welt und dem Tun der Menschen geleugnet. So findet bis heute selbst in der Klimadiskussion die Tatsache, dass die Temperaturbilanz natürlich auch unmittelbar durch die Freisetzung von Wärme durch Verbrennung fossiler Energieträger sowie durch die Nutzung von Atomenergie - also durch Umwandlung bisher „ruhender Energie“ in aktive Energie = Wärme - beeinflusst wird, kaum Beachtung.

In jüngerer Zeit hatten aber zwei beunruhigende Ereignisse auch hartnäckige Skeptiker verunsichert.

Zum einen handelt es sich um den verstörenden Befund, dass sämtliche Meere der Erde inzwischen von Mikroplastik durchsetzt sind, damit auch alles tierische Leben, welches sich darin befindet. Selbst im Trinkwasser sind inzwischen Mikroplastikpartikel zu finden.

Zum anderen hat der Sommer 2018 im teutonischen Stammhirn die Ahnung hinterlassen, dass Hitze und Dürre nicht schaurig-spektakuläre Nachrichten aus entfernten Ländern bleiben werden. Der Klimawandel ist auch bei uns in vollem Gange.

Nur die Zeit trennt uns von einer großen Katastrophe („GroKa"): die lebensfeindliche Überhitzung tropischer und subtropischer Regionen sowie die Überflutung von Küsten, Häfen und dem Flachland.

Dabei ist die möglicherweise bevorstehende ultimative Katastrophe („UKa") bisher zumindest in der Öffentlichkeit noch gar nicht thematisiert. Vielleicht, weil die älteren Generationen noch davonkommen werden.

Auf dem Festland von Grönland sowie der Antarktis lasten Eisschichten von 2 bis 4 km Stärke – 4 Billiarden Tonnen bzw. 40 Billiarden Tonnen schwer. Insgesamt entspricht diese Wassermenge fast dem Hundertfachen der jährlichen weltweiten Regenmenge.[18] Schmilzt das Eis[19], wird der Boden von der darunter in gut 60 km Tiefe liegenden, nunmehr entlasteten viskosen Schicht hochgedrückt. Gleichzeitig belastet das abfließende Wasser die anderen Kontinentalsockel. In die Erdkruste werden also zwei konträre Impulse einwirken. Daraus resultierende Spannungen werden gewöhnlich durch Verwerfungen reguliert.

Die Erde hat allein in den letzten 500 Millionen Jahren fünf große Katastrophen hinnehmen müssen, in denen 50 bis 95 Prozent der Arten (Festland oder Meer) ausgestorben sind. Als Ursachen werden insbesondere große Meteoriten, Methaneinträge in die Atmosphäre und Vulkanausbrüche genannt.

Vor 90.000 Jahren hatte eine Reihe von Vulkanausbrüchen den Homo sapiens fast ausgelöscht.[20] Nur wenige Tausend überlebten, heißt es, oder gar nur einige Hundert, wie einige Paläontologen vermuten. In der erdgeschichtlich winzigen Zeitspanne, in der das Abschmelzen der Eisflächen zu erwarten ist, könnte es in der Folge, etwa im „Feuergürtel" um den Pazifik, zu massenhaften Vulkanausbrüchen kommen. Für die Menschheit wäre das Ende wohl unausweichlich. Denn es waren im Besonderen Gattungen am Ende der Nahrungsketten, die in früheren Massensterben auf der Strecke geblieben sind.

Letzteres ist spekulativ. Allerdings zeichnen sich unter dem Eis der westlichen Antarktis entgegen früherer Vermutungen 138 Kegel ab, die größte Vulkandichte der Erde. Und niemand weiß, was sich in den Schloten tut, wenn die Eispfropfen schmelzen.[21]

Falsch gebettet

In der kalten Jahreszeit spendet eine Daunendecke wohlige Bettwärme. Sie hält die Körperwärme zurück, die sich rasch in der kühlen Umgebung verflüchtigen würde. In den warmen Nächten des Sommers hingegen tut man gut daran, eine einfache Baumwolldecke zu wählen. Anderenfalls entstände ein schweißtreibender Wärmestau.

Für die Erde kommt den Treibhausgasen eine vergleichbare Rolle zu. Ohne Klimagase befände sich die durchschnittliche Temperatur möglicherweise bei -18° C. Tatsächlich lag sie aber fast immer über Null Grad Celsius, in der vorindustriellen Phase bei 13,6° C. Es gäbe sonst kein Leben, wie wir es kennen. Dieses dynamische Gleichgewicht hat der Mensch gestört. Er stopft fortgesetzt "Daunen" in die (Luft-)Hülle. In Konsequenz bildet sich ein Wärmestau, der nun zum Problem ausgewachsen ist.

Ein Drittel der von der Sonne und aus dem Kosmos eingestrahlten Energie wird von Pflanzen, Algen und einigen Bakterien mittels der Photosynthese verwertet.[22] Ca. 30% werden als hochfrequente Strahlung direkt ins Weltall reflektiert. Der Rest wird am Boden und in der Atmosphäre in langwellige Wärme gewandelt. Diese wird durch Klimagase reflektiert und teilweise zum Boden zurückgestrahlt. Zwar schwindet auch diese Wärme allmählich ins All. Sie weilt jedoch deutlich länger in der Atmosphäre als hochfrequente Strahlung.[23]

Derweil dringt weiterhin Sonnenstrahlung in die Erdatmosphäre ein. Die verlängerte Verweildauer und die energetische Beschaffenheit als Wärme sind es nun, was den „Stau" bewirkt. Und je höher der Anteil der Klimagase in der Atmosphäre, desto stärker wird der Staueffekt und letztlich das Ausmaß der zu erwartenden Klimakatastrophe.

Darin liegt ein Denkfehler von Klimaskeptikern. Mit Input-Output-Berechnungen => Anh. 10: Unerbetene Energie] wollen sie nachweisen, dass sich die eingestrahlte Energie wieder im All verliert und es daher keine systemhafte Erwärmung durch menschliches Handeln geben kann. Sie berücksichtigen insbesondere nicht die aus dem verzögerten Austritt entstehende Stausituation, die entscheidend zur Erwärmung beiträgt.

Letztlich ist es fast unerheblich, in welchen Zeiträumen sich das Unheil entfaltet – jedenfalls dann, wenn selbst verstärkende Prozesse in Gang gesetzt sind. Das ist möglicherweise schon jetzt, spätestens in wenigen Jahren entschieden, so oder so. Eine der Reflexion fähige Gattung sollte von der Evolution so viel verstanden haben, dass man seine Fortexistenz nicht leichtfertig aufs Spiel setzt. Nun fühlt unsere Spezies sich aber über andere Wesen mit vermeintlich niederer Weisheit - zu Unrecht - erhaben.

„Der Mensch erfand die Atombombe, doch keine Maus
der Welt würde eine Mausefalle konstruieren",
wird Albert Einstein zitiert. Der Mensch bleibt sich treu, indem er in die eigenen Fallen tappt. Was tun?

Schein- und klein-Lösungen

Im Hinblick auf die Schlafsituation lässt sich an der Körperwärme wenig ändern. Maßgebliche Variablen für unser Wohlbefinden sind Daunen bzw. Decken als Wärmespeicher und im Weiteren die Umgebungstemperatur.

Damit gemein hat die Erde im Prinzip die Speicherung als Variable. Die "Daunen" sind hier die Klimagase, die Wärmebildung und -rückhalt wesentlich mitprägen. Anders als die Bettdecke kann man die Atmosphäre allerdings nicht austauschen. Es wird beim CO_2 Jahrtausende bis zu einem klimawirksamen Abbau der Treibhausgase währen, selbst bei einem sofortigen Stopp weiterer Emissionen. Die Temperatur der Umgebung, das Weltall, ist quasi eine Konstante. Jedoch ist die Energiezufuhr ggf. zu beeinflussen.

Die bisher öffentlich diskutierten Strategien entwachsen zumeist ingenieurhaften Gepflogenheiten. Wenn Technik zum Problem wird, wissen Techniker Abhilfe: Sie entwickeln eine Zusatztechnik, die dem Versagen der ursprünglichen Technik entgegenwirken soll.[24] Kürzlich wurde dazu ein bedeutungsgewaltiger Slogan generiert: ***„Geoengineering"***. Eine Idee lautet, das Meer mit Eisen zu "düngen", um das Algenwachstum anzuregen und auf diese Weise CO_2 zu binden. Eine andere will dem Vorbild der Vulkane folgen, deren Ausbrüche enorme Partikelmengen in die Atmosphäre befördern. Damit soll das Sonnenlicht zurückhalten und so eine Abkühlung bewirkt werden. Als "Sunblocker", so das Schlagwort, sollen winzige Schwefelsäuretröpfchen dienen, wie sie auch Vulkane ausstoßen. Nach der chemischen Verseuchung der Atmosphäre wird also die Lösung in einer Gegenverseuchung gesucht. Diese wurde vor einigen Jahrzehnten bei der Kohleverbrennung mit hohem Filteraufwand beseitigt, weil saurer Regen

Böden und Gewässer angegriffen hatte. Man ahnt daher, dass bald darauf der Einsatz eines globalen Schwefelsäureblockers notwendig sein würde.[25] Einmal mehr wird ein bemerkenswerter Rat Albert Einsteins ignoriert:

„Probleme kann man niemals mit derselben Denkweise lösen, durch die sie entstanden sind."

Darüber hinaus bergen global dimensionierte Manipulationen der Atmosphäre besondere Risiken. Das als sicher geltende FCKW hatte sich nach wenigen Jahrzehnten als Ozonkiller erwiesen. Ähnliches durch bisher in ihrem Gefahrenpotenzial nicht erkannte Substanzkombinationen mit einem mengenbedingten Mehrfachen an Wirkmacht könnten zur „FiKa" (finale Katastrophe) führen.[26] Allein der Autoauspuff setzt um 500 verschiedene Substanzen frei, von denen nur eine Handvoll soweit bekannt sind, dass eine Vorstellung zu deren Schadenspotenzial existiert. Wie andere in der Dynamik der Atmosphäre reagieren oder in Wechselwirkungen für unliebsame Überraschungen gut sind, weiß niemand zu sagen.

Ein anderer Vorschlag lautet: überschüssiges **CO_2 verpressen**. Also es aus der Atmosphäre zu filtern und z.B. in Meeresböden zu versenken. Vor der Frage, ob das Gas dann bleibt, wo es ist, sollte man sich vor Augen führen, womit man es zu tun hat. Im Verlauf der Industrialisierung hat sich die in der Atmosphäre vorhandene Menge Kohlenstoff von 600 auf mehr als 900 Gigatonnen (Mrd. t) erhöht[27], letzteres entspricht einer CO_2-Masse von ungefähr 3.000 Mrd. t. Also müssten 1.000 Gt bewegt werden, um die Klimaverhältnisse zu normalisieren.[28]

Zum Vergleich: Seit Beginn der Industrialisierung wurden weltweit bisher gut 200 Gt Erdöl gefördert[29]. Zunächst genügte es im Allgemeinen, die Lagerstätten anzubohren. Daraufhin schoss das Öl aufgrund des hohen Drucks an die Oberfläche. Der Förderaufwand in Energieeinheiten belief sich daher lange Zeit auf etwa 2 Prozent des Erlöses.

Das Fünffache an Tonnage müsste nunmehr in weniger als einem Drittel der Zeit mit hohem Aufwand (fossiler Energie) gefiltert, verdichtet und dann verpresst werden[30]. Verkaufbare Wertschöpfung erfolgt damit nicht. Solche Illusionen werden dennoch unverdrossen gepflegt. Der neuste Vorschlag lautet: Deutschland könnte im Jahr bis zu 4 Mt in den Boden pumpen: 0,1 Promille der jährlich freigesetzten Menge von etwa 40 Gt. In den Medien wird die winzige Reduzierung des weiteren Anstiegs ohne Sarkasmus als Lösungsidee dargeboten.

Verzicht erscheint demgegenüber als ein naheliegender Gedanke, d.h. die Freisetzung der Klimagase, vornehmlich CO_2, zu beenden. Das ist der Weg, zu dem Fridays-for-Future mit dem Beharren auf die Umsetzung der Vereinbarungen des Pariser Klimagipfels von 2015 drängt.

Der Gedanke ist für sich grundsätzlich richtig. Doch was kann er bewirken? In einer gängigen Sicht trägt CO_2 weltbezogen ca. 70% zum Klimagasproblem bei. 30% verteilen sich auf annähernd ein Dutzend anderer Gase, darunter insbesondere Methan. Einige dieser Gase sind ebenfalls Abfallprodukte aus Verbrennungsprozessen oder anderen menschlicher Aktivitäten, etwa in der Landwirtschaft. Von den 70% des CO_2 stammen wiederum 20% wesentlich aus natürlichen Waldbränden. Somit ist ca. ein Drittel des Problems mit einer CO_2-Reduktion aus Abgasen und Abschaltung von Kohlekraftwerken etc. nicht zu beeinflussen.

Nichtsdestoweniger gilt es umzusetzen, was machbar ist. Wie also könnten die Energieträger, aus denen der größte

Teil der CO_2-Emissionen stammt, substituiert werden? Gegenwärtig beträgt der Anteil der erneuerbaren Energien an der Stromerzeugung annähernd 40 Prozent. Allerdings deckt elektrischer Strom nur annähernd 20 Prozent des gesamten Energiebedarfs ab. Wie soll die gewaltige Lücke geschlossen werden – selbst, wenn einige Prozent nachhaltig erzeugter Wärme hinzuzurechnen sind? Aus dieser Verlegenheit heraus hatte Greta Thunberg vermutlich im Frühjahr 2019 „ein bisschen Atomenergie" ins Spiel gebracht – für Bill Gates mit neuen „sicheren" Atommeilern Lösung der Wahl.[31]

Im Übrigen muss noch - wie es der Weltklimarat (IPCC) tut - Wasserdampf als natürliches Klimagas in die Rechnung einbezogen werden. Nunmehr steht man vor der bedrückenden Erkenntnis, dass jene 100 Prozent der Klimagase, mit denen bisher gerechnet wurde, in Wirklichkeit nur ein gutes Drittel des Gesamtproblems ausmachen. Zwei Drittel des Klimaeffekts wird durch Wasserdampf verursacht. Er entsteht größtenteils durch die Verdunstung auf den Weltmeeren. Mit 360 Mill. km^2 bedecken sie über 70 Prozent der Erdoberfläche. Steigt die Temperatur, nimmt die Verdunstung zu und bewirkt eine weitere Steigerung. Dies ist eines der Risiken, die mit dem Überschreiten der 1,5°-Grenze verbunden sind: Eine sich selbst verstärkende Erwärmung wird in Gang gesetzt.

Diese Konzepte wollen im Kern die Speicherwirkung reduzieren. Ein anderer Ansatz zielt auf eine Reduktion der Energiezufuhr. Gewaltige ***Reflexionsschirme im Weltall*** sollen Energie abweisen, bevor sie die Atmosphäre erreicht. Zu den Erfolgschancen eines solches Ansatzes ist Wesentliches dem Abschnitt „Höher und höher" im Kapitel 1 zu entnehmen. Allenfalls langfristig eine Option, wäre es für die drängenden Erfordernisse zu spät.

Wir stehen vor der schmerzlichen Einsicht, dass ein Tropfen den Krug zum Überlaufen gebracht hat, wir nun aber selbst mit beigestellten Fässern der ausgelösten Flut kaum Herr werden. Medikation aus der politischen Hausapotheke - Steuern hoch oder runter, Subventionen hier oder dort - bleibt angesichts des Charakters und der Größe der Herausforderung unterkritisch. Bisher aber erscheinen Institutionen und Entscheider zum Paradigmenwechsel nicht gewillt. Gern werden jene rund 50% des elektrischen Stromes aus nachhaltiger Energieerzeugung als Erfolg ausgewiesen. Angesichts eines fünffach höheren Gesamtenergiebedarfs gegenüber dem gesamten Stromverbrauch gleicht das Argument jedoch dem Unterfangen, den Hund mit dem Schwanz zu wedeln. Nichts ist dringlicher als ein mentaler Auf- und Ausbruch, dessen Wesen - letztmalig - Albert Einstein sinngemäß formulierte:

„Wenn eine Idee am Anfang nicht absurd klingt, dann kann sie nicht zum Erfolg führen."

Und wenn es nicht stimmt?

Bisher wurde unterstellt, dass die Grundannahmen zur Klimaentwicklung richtig seien: Die Treibhausgase sind Verursacher des Klimawandels. Im Internet hat sich allerdings um diese Aussage eine rege Streitszene gebildet. Namen wie Lomborg und Svensmark stehen für Gegnerschaften, die in ihrer Vielzahl von Argumenten eine Skepsis eint: Was immer Temperaturschwankungen auslösen mag — anthropogene Klimagase und im Besonderen CO_2 haben daran keinen, allenfalls unbedeutenden Anteil.

Ein Argument aus der Front der Skeptiker beruft sich auf einen NASA-Hintergrund und hat größere Beachtung gefunden. Grundlage sind Entfernung zur Sonne und Dichte der Atmosphäre verschiedener Himmelskörper, Erkenntnisse aus Weltraummissionen der letzten Jahrzehnte. Darin, wird behauptet, reiht sich die Erde präzise ein. Somit sei die Temperatur allein aus diesen Faktoren, Abstand zur Sonne und Dichte der Atmosphäre, herleitbar.[32]

Auf der Zeitachse des Sonnensystems sind „einige Jahrzehnte" allerdings ein nicht wahrnehmbarer Punkt. Fehler sind indes die Nichtberücksichtigung von Erdwärme aus immer noch erfolgenden radioaktiven Zerfallsprozessen sowie der Einwirkung des Erdmagnetfeldes auf die Strahlung in den Van-Allen-Gürteln. Und warum sind die großen Gasplaneten nicht einbezogen worden, wenn es doch nur um diese beiden Variablen geht? So hinterfragbar wie die Datenlage[33] ist auch die Skalierung in der vorgelegten Graphik. Was soll damit bewiesen sein? => Anh 2: „Treibhauseffekt" der Skeptiker]; =>Anh. 8: Unerbetene Energie].

Die Annahme eines „natürlichen Treibhauseffekts" ist Stand wissenschaftlicher Erkenntnis. Der darauf basierende Alleingeltungsanspruch einer vermeintlich exakten Aussage zur Temperatur wirkt allerdings angesichts der Methodik eines groben planetaren Vergleichs abwegig.

Eher erscheint Henrik Svensmarks Hypothese, dass kosmische Strahlung und insbesondere Schwankungen der Solarstrahlung Einfluss auf die Temperaturentwicklung nehmen, als relevant. Wenn er aber inzwischen seinem Ansatz ebenfalls einen Alleinerklärungsanspruch für Klimaschwankungen zuweist, wird es schwer, ihm zu folgen. Letztlich läuft es wohl darauf hinaus, dass sowohl CO_2-Follower wie Leugner nicht im Besitz letzter Wahrheiten sind. Vertrauenswürdiger wirken Shaviv/Veizer, die die Erderwärmung aus dem *„Zusammenspiel"* von kosmischer Strahlung und Treibhausgasen verstehen.[34] Wie auch immer, es ist problematisch genug, dass bereits die Herausforderung CO_2 mit den herkömmlichen Konzepten - Substitution sowie Verzicht – so wie betrieben, nicht bewältigt werden kann.

Inspiriert von Teilhard de Chardins Dreiheit von Geosphäre (Physik, Chemie), Biosphäre und Noosphäre[35] lässt sich ein Sockel von 255°K (-18° C) der Geosphäre unabhängig von der Existenz einer Atmosphäre (ohne Spurengase)[36] durch Radioaktivität und Einstrahlung bestimmen.

➢ Ein weiteres Achtel (ca. 32° => +13,6° C), durch „natürliche Treibhausgase" verursacht, ist gleichermaßen der Geo- und der Biosphäre zuzuordnen. Die atmosphärische Dichte mag darin eine Rolle spielen.

➢ Darauf gipfelt die Domäne des "verständigen Handelns". Nicht zuletzt durch CO_2-Emissionen provoziert, ist ein Zuwachs von wohl 8° C bis Ende des Jahrhunderts zu erwarten.[37] Bodenentwässerung, Humusschwund und Vegetationsraubbau tragen dazu bei.

CO_2 wirkt als ein "Zündfunke" zusätzlicher Erwärmung. Wenn nun Klimaskeptiker argumentieren, Schwankungen des CO_2-Gehalts in der Atmosphäre hätte es schon immer gegeben, haben sie zwar Recht. Im letzten Jahrmillion lagen diese zwischen 180 ppm und 300 ppm (Partikel zwischen 1 Mill. Luftmolekülen).[38] Wenn nun aber innerhalb von ca. 170 Jahren ein Sprung von 280 ppm auf 420 ppm stattgefunden hat, muss wohl etwas sehr Ungewöhnliches aufgetreten sein: eben der Mensch!

Die Skeptiker haben unrecht, wenn sie diesem durchaus kritischen Anteil des CO_2 seine Bedeutung absprechen. Vielmehr entscheidet sich nicht zuletzt auch daran das Wohl und Wehe der Menschheit und des gesamten höheren Lebens. Immerhin geriert sich in letzter Zeit selbst ein notorischer Querdiskutant wie Bjorn Lomborg nachdenklicher.

Was tun? Die Luftdichte lässt sich nicht beeinflussen, wohl aber die Klimagasemission. Daher bietet es sich an, dort zu aktiv zu werden, aber eben nicht nur - vor allem nicht nur dort! Im Übrigen: Wie immer man sich in diesem Streit positioniert – die Klimadrohung ist manifest. Und in ihrer enormen Mächtigkeit verlangt sie eine gewaltige Antwort. Denn

- erstens sind Reduktions- und Verzichtstrategien unzureichend,
- zweitens ist CO_2 nur e i n Faktor unter mehreren, die die Entwicklung treiben,
- somit ergibt sich drittens über eine Bändigung der Klimagase hinaus die zwingende Notwendigkeit zu einer wirksamen Erhöhung der Albedo des Planeten.

Dann aber gilt es, Einsteins Mahnung ernst zu nehmen und dem außergewöhnlichen Problem mit gleichermaßen ungewöhnlichen Lösungen zu begegnen.

Die „absurde Idee": Eine neue Dimension

Im alten China, heißt es, wurde der Arzt dafür bezahlt, dass er die Gesundheit bewahrte, sodass es nicht zur manifesten Erkrankung kam. Es handelte sich also um eine proaktive Strategie gegenüber dem reaktiven Vorgehen, wie es im Westen gebräuchlich ist. Anstatt uns den Kopf über CO_2 zu zerbrechen, sollten wir daher nach Konzepten streben, mittels derer wir uns um CO_2 keine besonderen Gedanken mehr machen müssen, weil es gewissermaßen im Nebeneffekt bedeutungslos wird.

Hier wurde der Technik zunächst die Rolle eines willigen Werkzeugs nicht zuletzt auch für abwegige Zwecke zugewiesen. Man kommt allerdings nicht umhin, sich ihrer zu bedienen, um „absurde Ideen” zu kreieren. Das Ziel: Sie mögen sich im Guten als gleichermaßen mächtig erweisen können wie andere Technologien im Schlechten. Wenn der Mensch auch mancherlei Methoden industrialisiert hat, die ihm und vielem anderen Schaden zufügen, steht zum Klimawandel die Energiethematik im Brennpunkt.

Der Einsatz fossiler Energien produziert den größten Anteil der vom Menschen zu verantwortenden Klimagasemissionen. Im Folgenden wird ein technisches Konzept entworfen, mittels dessen der gesamte Energiebedarf zunächst in den gemäßigten „industrialisierten“ Klimazonen mit rund der Hälfte der Weltbevölkerung nachhaltig gedeckt werden könnte. Es handelt sich um den Einsatz der Photovoltaik am unteren Rand der Stratosphäre. Also dort, wo das Tageslicht eine Stunde länger währt, die Strahlung um etwa 30 Prozent energiehaltiger ist und keine Wolkenbildung stört. Die Energiegewinnung erfolgt auf den Hüllen von Fesselballons.

Im Jahr 2002 hatte der Autor im VDI/VDE-IT Berlin dazu einen Workshop organisiert. Teilnehmer waren Hochschullehrer und Experten aus materialtechnischen, meteorologischen, energietechnischen und bautechnischen Disziplinen, ferner Physiker aus dem eigenen Haus. Interesse und Skepsis waren gleichermaßen hoch. Der etliche Stunden währende Diskurs konnte natürlich nicht zu einem aussagekräftigen Ende gelangen. Soviel war aber deutlich geworden: Es gibt kein physikalisches Diktum, das lautet: Es geht nicht!

Damals war die Politik auf die Windkraft als regenerative Energiealternative zu den fossilen Energien ausgerichtet. Für einen derart abwegig erscheinenden Vorschlag gab es kein Interesse, daher wurde die Idee nicht weiterverfolgt.

Angesichts der inzwischen wahrgenommenen Größe und zeitlichen Nähe der möglichen Katastrophe sowie verbreiteter Ratlosigkeit könnte einem zweiten Anlauf vielleicht mehr Aufmerksamkeit zuteilwerden. Dies nicht zuletzt, da die Potenziale des Konzepts über eine nachhaltige Energieerzeugung hinausreichen. Denn insbesondere das emittierte CO_2 wird man so rasch nicht wieder los.[39] Technologien, CO_2 ohne Kollateralschäden aus der Atmosphäre zu entfernen, existieren nicht. Selbst bei einer energiepolitischen Notbremsung steigt die Erdtemperatur zunächst weiter an. Daher der gruselige Vorschlag, Schwefelsäure in die Atmosphäre einzutragen: um die Energieaufnahme zu blockieren.

Aus dem dargestellten Konzept lassen sich weitere Anwendungen der LaL-(Leichter als-Luft)-Technologien herleiten, die auf Abschattung bzw. Reflexion zielen. Dadurch kann die Energieanreicherung in der Atmosphäre und auf dem Boden bzw. im Meer reduziert werden. Überdies rücken neue Wege in den Weltraum in den Bereich des Möglichen. Darin findet sich für das Klimaproblem eine adäquate Antwort – wie immer es verursacht sein mag.

Dieser Text ist in seinem energietechnischen Kern im Anschluss an den seinerzeit geführten Diskurs entstanden. Aktualisiert und um weitere technologische Aspekte sowie um klimarelevante Fragestellungen ergänzt, reflektiert er schließlich zeitgemäße politisch-kulturelle Implikationen.

1. Energie

Am Anfang war das Feuer

Sehr lange war das Feuer die einzige Energiequelle, über die der Mensch verfügte – neben der eigenen Muskelkraft (dann auch die von Tieren), die den Speer warf oder den Mahlstein bewegte.

Hitze garte das Fleisch, das dadurch besser verwertet werden konnte. Hitze half auch, Getreide als Nahrungsmittel zu erschließen. Der menschliche Organismus tut sich damit schwer. Also musste das Korn zunächst mühselig mit dem Reibstein geschrotet werden, um dann gebacken als Brotfladen oder gegart als Brei verzehrt zu werden.

Vor knapp viertausend Jahren trat der Wind hinzu. Vermutlich wurden damals in Babylon die ersten Windmühlen genutzt, beispielsweise zum Mahlen des Korns. Belegt ist der Einsatz von Segelbooten in Ägypten vor dreitausend Jahren. Nutztechnik des Alltags aber blieb das Wasserrad. In der Antike, um die Zeitenwende, waren Windmühlen offenbar wieder aus dem kulturellen Gedächtnis verschwunden.

Wasser und Wind blieben bis ins 18. Jahrhundert die alleinigen Naturkräfte, die dem Menschen mittels Druck und Drehung für Transport- und Bearbeitungszwecke in einer breiten Palette von Anwendungen dienten.

Das Feuer blieb weiterhin für jegliche Zwecke der Erwärmung resp. Erhitzung unverzichtbar. Mit zunehmender Anwendungsbreite und Besiedlungsdichte wurde mehr und mehr Holz, zusätzlich in Form von Holzkohle, verbraucht. Bereits im Altertum gab es Regionen, die durch Kahlschlag, zusätzlich befördert durch den Schiffsbau, entwaldet waren. Spanien hatte sich nicht zuletzt für das südamerikanische Gold um seine Wälder gebracht. Und die Lüneburger Heide ist als Landschaft vor allem durch die Salzgewinnung, aber auch in der Folge des Einschlages für die Schiffsbauten der Hanse entstanden.

Ausgangs des 18. Jahrhunderts gab es in Deutschland Regionen, die unter Holz(kohle-)mangel litten. Es handelte sich allerdings nicht um absolute Verknappung. Vielmehr wuchsen die Entfernungen zwischen Einschlag und Nutzung. Waren die Niederungen abgeholzt, mussten die Köhler in die Berge einsteigen. So wurden zuweilen die Transportkosten zum limitierenden Faktor. Damals wurde in der Forstwirtschaft das Konzept der Nachhaltigkeit entwickelt: dem Wald nicht mehr zu entnehmen als in der gleichen Zeit nachwachsen konnte.

Im 18. Jahrhundert nahm zudem ein entscheidender energietechnischer Paradigmawechsel seinen Ausgang. Erstmals in Europa begann man in England, Kohle als Brennstoff zu verwenden. Deren hoher Energiewert war zugleich Voraussetzung für die Entwicklung der Dampfmaschine. Zunächst fand sie lediglich stationären Einsatz: um die Kohle (und einbrechendes Wasser) aus den Schächten zu befördern. Es währte Jahrzehnte bis zum erfolgreichen mobilen Einsatz. Die Eisenbahn revolutionierte das Verkehrswesen durch Geschwindigkeit und Transportvolumina zu Lande. Auf den Meeren bewirkte das Dampfschiff dasselbe, nicht zuletzt, weil es die Seefahrt von den Launen der Winde unabhängig machte.

Ende des 19. Jahrhunderts setzte mit der Erfindung des Verbrennungsmotors die breite Verwendung des Erdöls ein, gleichzeitig begann die Nutzung des elektrischen Stroms. Durch Teslas Entdeckung des Wechselstromprinzips wurde dieser zudem netzfähig und somit ubiquitär verfügbar. Die energietechnischen Voraussetzungen für den Einstieg in das Industriezeitalter und die Massenproduktion von Konsumgütern waren damit geschaffen. Die Atomkraft erweiterte ein halbes Jahrhundert später das Panel der Primärenergiequellen, brachte jedoch keine neue Nutzungsqualität.

Mit der wachsenden Verfügbarkeit von Energie zu annehmbaren Preisen stieg der Verbrauch, nicht nur insgesamt, sondern - vor allem - per Kopf.

Table 1-1
Historical Energy Consumption [Cook, 1971]

Period	Era	Daily per capita Consumption (1000 kcal)				
		Food	H & C*	I & A**	Trans.***	Total
Primitive	1 million B.C.	2				2
Hunting	100,000 B.C	3	2			5
Primitive Agricultural	5000 B.C.	4	4	4		12
Advanced Agricultural	1400	6	12	7	1	26
Industrial	1875	7	32	24	14	77
Technological	1970	10	66	91	63	230
* H & C = Home and Commerce						
** I & A = Industry and Agriculture						
*** Trans. = Transportation						

Quelle: John R. Franchi, 2011, S. 5

Aus einigen zehntausend frühzeitlicher Vorfahren sind inzwischen annähernd acht Milliarden Menschen geworden, von denen jeder einen hundertfachen Energieverbrauch beansprucht. Da kann es nicht erstaunen, wenn

Knappheit zum Thema und der freie Zugriff auf das kostbare Gut zu einem eigenen Problem geworden sind.

Gleichzeitig rückt die Endlichkeit der vorherrschenden Energieträger ins Bewusstsein. Eine frühe Vorhersage (Hubbert 1956) sah den „Peak Oil" im Jahr 2000, zeitnähere Prognosen setzten ihn um etwa 2015 an. Inzwischen schreiben wir 2020 und noch sind wirkliche Engpässe nicht spürbar.

Wie auch immer, mehr und mehr drängt sich die Unvereinbarkeit von wachsender Erdbevölkerung, steigendem Pro-Kopf-Verbrauch und schwindenden Möglichkeiten zur Steigerung des Energieangebots ins Bewusstsein. Gesucht sind Ideen, die über die bloße Verlängerung des Vorhandenen hinaus zielen.

Können wir uns (weiterhin) auf unsere kreative Potenz verlassen? Die Evolution des Menschen vollzog sich in wechselseitiger Befruchtung seiner biologischen und sozialkulturellen Gegebenheiten. In deren Gang haben bis vor etwa 50.000 Jahren Gewicht und Volumen des Gehirns kontinuierlich zugenommen, von wenigen Hundert Gramm auf durchschnittlich 1,3 Kilogramm. Damit war der Mensch zu einem zivilisatorischen Prozess befähigt worden, der ihn in einer erdgeschichtlich winzigen Zeitspanne zu atemraubenden Gipfeln führte.

Oder doch nicht? Hätte eine weitere Entwicklung des Hirns vielleicht zu einer geistigen Reife verholfen, die vor Verhältnissen der Endlichkeit bewahrt hätte, denen der Mensch entgegensieht? Jedenfalls ist er darauf verwiesen, mit dem Verstand, den er nun einmal hat, Lösungen nicht zuletzt für selbst erzeugte Bedrohungen zu finden. Suchen wir (zunächst) nach einem neuen Feuer!

Energie heute

Sei es die technische Seite oder die politische Ebene – wenn es heute um Energie geht, kommt man nicht umhin, die konfliktären Maximen des Themas zur Kenntnis zu nehmen.

Eine durchaus unbequeme Sicht auf die Dinge, nach dreißig Jahren wachsenden Umweltbewusstseins, das sich zuletzt vor allem auf die Klimaproblematik ausgerichtet hat. Trotz erheblicher Investitionen in die sog. erneuerbaren Energien ist zu konstatieren, dass die fossilen Träger immer noch einen Anteil von mehr als 80 Prozent am Gesamtenergieverbrauch in Deutschland haben.

Im Jahr 2019 belief sich der Primärenergieeinsatz auf 437,8 Mill. Tonnen Steinkohleeinheiten. (siehe Grafik nächste Seite) Das war ein Rückgang gegenüber dem Vorjahr um 2,1 Prozent. Im Jahr 2021 sank der Verbrauch nochmals auf 416,1 Mill. t SKE = 3,34 Mill GWh.

Verbrauch nach Energieträgern 2019

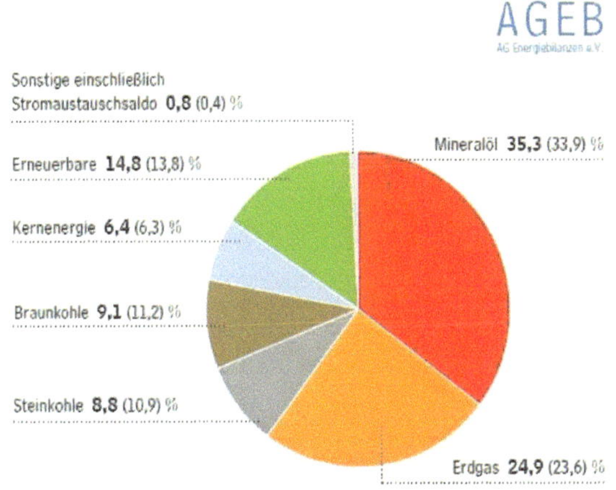

1 kg SKE = 8,141 kWh./ 437,8 Mill. t. SKE = **3,56 Bill. kWh./3,6 Mill. GWh**.

Die Zielkonflikte bestehen nach wie vor. Dabei war die öffentliche Aufmerksamkeit nicht zuletzt durch den Disput um die umstrittene Kernenergie auf den elektrischen Strom fokussiert. Der Stromverbrauch belief sich auf 556 Mrd. kWh.[40] Damit betrug der Anteil am Gesamtenergieverbrauch lediglich 15 Prozent. Daran hat sich im Jahr 2019 faktisch nicht geändert.

In der energiepolitischen Debatte ist ein Eisbergeffekt zu beobachten. Die eine Seite sorgt sich vornehmlich um die sichere und preiswerte Stromversorgung für die Industrie. Die andere erhofft sich für das Jahr 2050 eine nahezu vollständige Strombedarfsdeckung durch erneuerbare Energien. Doch was geschieht mit den anderen annähernd 80 Prozent, mit der Nicht-Strom-Energie?

Für die **fossilen Energieträger** sprechen - immer noch - der Preis, die hohe Energiedichte des Öls und die ausgebauten Versorgungsinfrastrukturen. Sie sind allerdings Klimakiller. Zudem lastet das Menetekel der Endlichkeit, zumindest für das Öl und im Weiteren auch für das Erdgas, auf der Szene. Einmal wird kolportiert, dass der Peak, die höchstmögliche Förderung, bereits überschritten sei und es allenfalls drei bis vier Jahrzehnte bis zur dramatischen Verknappung währt. Dann wieder gelten die Vorräte etwa in Gestalt des Ölschiefers als weitaus länger gesichert, wenn auch mit hohem Förderaufwand verbunden.

In der Tat sind die leicht zugänglichen Lager erschöpft. Die ersten Funde sprudelten nahezu von selbst aus dem Boden und verzehrten lediglich ein bis zwei Prozent des Energieertrags für die Gewinnung. Bei der Ausbeutung des Ölschiefers und beim Fracking sind es bereits bis zu einem Drittel. Die dramatischen Eingriffe in die Landschaft und die Kosten einer ökologischen Restaurierung sind dabei nicht in die Aufwandsermittlung eingeflossen.

Für die Extraktion von im Gestein gebundenem Erdgas wird das „Fracking" angewendet. Ein Gemisch von Wasser, Sand und Chemikalien wird unter hohem Druck tief ins Erdreich gepresst, um das Gas freizusetzen. Die Chemikalien sind zum Teil hochgiftig. Jahre und Jahrzehnte später offenbaren sich die unheilvollen Folgen. Verseuchtes Grundwasser beeinträchtigt den Pflanzenwuchs, ganze Landstriche veröden.

Eine folgerichtige Konsequenz der bitteren Logik, dass mit zunehmender Verknappung Aufwand und Kollateralschäden in Gewinnung und Bereitstellung der Energie zunehmen. Heute verdorrt auf wachsenden Flächen des dünn besiedelten, scheinbaren Naturidylls Montana das zähe Büffelgras in den weitläufigen Landschaften. Verursacht sind die Schäden durch Chemikalien, die einst im Bergbau eingesetzt worden waren und nach Jahrzehnten ins Grundwasser gelangt sind.[41]

Zur **Atomenergie** bedarf es nicht vieler Worte. Ließ sich Tschernobyl noch mit unzureichenden Sicherheitsmaßnahmen und mangelnder Qualifikation des Personals zum tragischen Einzelfall stilisieren, fehlt es diesen Argumenten nach Fukushima an Überzeugungskraft.

Die heiklen Fragen zur Endlagerung des radioaktiven Abfalls und der Abermillionen Tonnen schwach kontaminierten Böden und Betonhüllen konnte man wegen der noch nicht akuten Notlagen vor sich herschieben. Doch nunmehr hatten sich die Risiken dieser Technologie in ihrer unberechenbaren Vernichtungskraft offenbart. Immerhin zeigt die Reaktion der Politik in Deutschland mit dem vorgezogenen Ausstieg, dass die Botschaft verstanden wurde.

Gorleben und die Asse bleiben allerdings als Brennpunkte von Konflikten erhalten. Daran wird nachdrücklich klar, dass es für die Entsorgung selbst beim Regelbetrieb keine tragfähige Lösung gibt.

Eine weitere Seite der Kernkraft wird in der öffentlichen Diskussion kaum erwähnt: Wasser. Der jährliche Wasserabzug aus Gewässern und aus dem Boden betrug in Deutschland lange ca. 40 Milliarden m³. Davon beanspruchte die Energiewirtschaft allein unglaubliche 60 Prozent. Der Löwenanteil lag wiederum beim Kühlwasserbedarf der Kernkraftwerke. In den Zeiten des Klimawandels ist die zusätzliche Erwärmung der Gewässer ein eigenes Problem. Dagegen wird die Sicherung der Stromgrundlast gestellt. Wenn aber, wie im Jahr 2018 erlebt, die Flüsse kaum noch Wasser führen, bricht diese Argumentation zusammen. Vielmehr wird Kernkraft damit zu einem zusätzlichen potenziellen Risiko. Die Ratlosigkeit über tragfähige Lösungen offenbart sich in Bill Gates Erwartung (aktuell auch Frank Schätzing[42]), dass neue „sicherere Klein-KKW eine Alternative wären. Was aber wäre an Abertausenden KKW, verteilt über die Welt, sicherer? Selbst bei störungsfreiem Betrieb bleiben am Ende Berge leicht verstrahlten Entsorgungsabfall zurück. Zudem Mengen an hochstrahlendem Atommüll, dessen Endlagerung nicht nachhaltig lösbar erscheint.

Als Hoffnungsträger dienen die sogenannten **erneuerbaren Energien**. Für sie spricht das Doppelargument, als "erneuerbare" nicht endlich und obendrein ökologisch unbedenklich zu sein. Das mag für die **Wasserkraft** prinzipiell gelten. Andererseits wurde in Laos aufgrund warnender Stimmen das Projekt eines riesigen Staubeckens zunächst zurückgestellt, weil verheerende Eingriffe in die Existenzgrundlagen von 60 Millionen Menschen zu erwarten seien.

Dabei mögen die dramatischen Erfahrungen mit der Aufstauung des Nils eine Rolle gespielt haben. Die zuvor jährlichen Überflutungen wurden erst danach in ihrer segensreichen Funktion erkannt: Sie trugen fruchtbaren Schlamm auf die ariden Böden. Durch die Staudämme wurde der Zyklus zerstört und mit ihm die Fellachenkultur, die seit Jahrtausenden das ägyptische Leben geprägt hatte.

Häufig wird „erneuerbare Energie mit „nachwachsenden Rohstoffen gleichgesetzt. Auf den ersten Blick ein überzeugender Ansatz, jedoch mit weitreichenden Konsequenzen. Binnen weniger Jahre wurden die Folgen dieser mit dem Nahrungsmittelanbau konkurrierenden Verwertung von Getreide auf den Märkten sichtbar - zu Ungunsten der ohnehin benachteiligten äquatorialen Staaten.

Unauffälliger, aber nicht weniger dramatisch ist eine andere Entwicklung, die in Deutschland ihr Schadenspotenzial entfaltet. Um Raps wirtschaftlich sinnvoll für die Herstellung von Biodiesel anzubauen, ist ein Hektarertrag von 50 Tonnen notwendig. Auf brandenburgischen Böden stellt sich aber bei traditionellem Anbau nur ein Ertrag von fünf Tonnen ein.

Also wird aus Böden, die gerade erst mit EU-Millionen zur Re-Naturalisierung aus der landwirtschaftlichen Nutzung entlassen worden waren, unter massivem Einsatz von Kunstdünger, Pestiziden und Herbiziden dieser überdimensionierte Ertrag herausgepresst. Da wird also der Deibel mit dem Beelzebub verjagt – die ökologischen Prinzipien mit den Füßen getreten.

Generell haftet den **nachwachsenden Rohstoffen** das Manko an, dass die Energieträger nicht konzentriert, sondern in den Flächen verteilt gewonnen und mit hohem Transportaufwand zusammengetragen werden müssen. Zudem entweicht dem Kunstdünger NO_2, das dem CO_2 in der Klimaschädlichkeit kaum nachsteht. Es ist also sehr fraglich, ob die Umweltbilanz aufgeht.

Windenergie schont die Böden, führt aber mit zunehmender Verbreitung zu wachsenden Akzeptanzproblemen. Zudem weht der Wind unregelmäßig. Speicherung zur gleichmäßigen Nutzung wäre ein denkbarer Ausweg. Jedoch geht mit jeder Umwandlung ein Energieverlust einher, was die Wirtschaftlichkeit beeinträchtigt.

Offshore-Anlagen sind prinzipiell geeignet, das Akzeptanzproblem zu umgehen und die Ausbeute um Größenordnungen zu steigern, sehen sich aber dem Transportproblem gegenüber. Zudem wird sich erweisen müssen, ob die mit hohem Aufwand errichteten Anlagen einem „Jahrhundertsturm", der gewöhnlich nicht ein Jahrhundert auf sich warten lässt, gewachsen sein werden. Es sind schon Ölplattformen gekentert, die aufgrund ihrer ungleich höheren Wertschöpfung aufwändig gesichert werden können. Investitionen auf hoher See sind also mit erheblichen Risiken behaftet. Im Weiteren entsteht neben dem außergewöhnlich hohen Investitionsaufwand ein gleichermaßen ungewöhnlicher Wartungsaufwand.

Sieht man von Anwendungen wie Gezeitenkraftwerke und geothermischer Energiegewinnung ab, bleibt die **Solarenergie**. In Spanien sind erste solarthermische Kraftwerke in wirtschaftlich nennenswerten Größenordnungen im Einsatz. Doch wie bei der Windenergie entsteht auch dabei ein enormer Flächenbedarf, will man gegenüber konventioneller Energieerzeugung zu substitutionswirksamen Erträgen gelangen. Zudem ist der technische Aufwand erheblich. Ein akzeptabler Wirkungsgrad erfordert, die Reflektoren dem Lichteinfall nachzuführen.

Überdies haben sich in der Praxis Probleme gezeigt, die man zuvor nicht in dieser Dimension erwartet hatte. Durch Staubverwehungen wird die Wirksamkeit der Reflektoren erheblich beeinträchtigt. So ist ein Reinigungsaufwand erforderlich, der die Planungen drastisch übertrifft.

Die **Photovoltaik** stellt gewissermaßen den Königsweg der Solarenergienutzung dar. Die Solarthermie arbeitet noch wie das klassische Kohlenkraftwerk. Durch die Verdampfung eines Fluidums wird eine Turbine angetrieben. Hingegen wird mittels der Photovoltaik die Sonnenstrahlung direkt in elektrische Energie umgewandelt. Gegenwärtig sind Anlagen mit einem Wirkungsgrad um 20 Prozent ausgereift und wirtschaftlich eingesetzt. Wie bei der Solarthermie ist natürlich die Ausbeute in den südlichen Regionen wegen des direkteren Lichteinfalls und der zahlreichen Sonnenstunden in ariden Gegenden deutlich höher ist als in den mitteleuropäischen Industriezentren.

Der Strom müsste also importiert werden. Das Großprojekt Desertec sollte photovoltaisch erzeugten Strom aus Nordafrika nach Mitteleuropa transportieren, ist aber inzwischen aus verschiedenen Gründen aufgegeben worden, u.a. wegen der prekären politisch-kulturellen Verhältnisse in Nordafrika.

Unter dem Aspekt der Versorgungssicherheit - gegenwärtig werden zwei Drittel der Primärenergieträger importiert[43] - sind dezentrale Energiekonzepte, die Erzeugung und Nutzung in einer Region und, noch besser, an einem Ort miteinander koppeln, die beste Wahl. Blockheizkraftwerke, Schnitzelheizwerke, Biogasanlagen in der Partnerschaft mit Ställen... Inzwischen existiert eine breite Palette von Möglichkeiten, lokale Ressourcen für die Strom- oder Wärmeerzeugung zu nutzen und sich auf diese Weise von den globalen Energiemärkten unabhängig zu machen. Zuweilen haben sich Dorfgemeinschaften in Genossenschaften zusammengefunden, um für ihre Mitglieder eigenständige und oft auch preiswertere Alternativen insbesondere für die Warmwasserversorgung zu schaffen.

Kommunen und Städte sind mittlerweile dabei, ihre Stadtwerke zurückzukaufen, die sie vor einigen Jahren im Privatisierungsrausch zugunsten einer kurzfristigen Entlastung ihrer Haushalte oft genug unter Wert veräußert hatten. Die Investoren waren ausschließlich an einer hohen Rendite interessiert.

Heute wird diese neue Entwicklung zumal in Ostdeutschland massiv durch die großen Energiekonzerne behindert. Sie haben in großem Umfang strategisch wichtige Immobilien in und um Dörfer und Gemeinden aufgekauft, die als Standorte für dezentrale Versorgungseinrichtungen oder zur Durchleitung eine Schlüsselrolle innehaben. Auf diese Weise sichern sie den Fortbestand alter Abhängigkeiten.

Die erneuerbaren Energien - gegenwärtig noch zum großen Teil Wasserkraft - konnten ihren Anteil am weltweiten Gesamtenergieverbrauch von 7,4% in 1980 auf 7,9% in 2006 erhöhen - also um ein halbes Prozent in gut 25 Jahren.[44] Selbst, wenn sich die Zuwachsrate verdoppelt oder verdreifacht, ist zum Ende des 21. Jahrhunderts ihr Anteil gering. Bei wohlmeinender Betrachtung sind vielleicht 30 Prozent des gesamten Energiebedarfs erreichbar.

Aus den herkömmlichen Szenarios, basierend auf bekannten und eingeführten Technologien, lässt sich also wenig Trost schöpfen, sei es zur Versorgungssicherheit, sei es hinsichtlich der Umwelt- und Klimaentlastung. Ist alles aussichtslos?

Neue Wege

"Die Zukunft der Energie" laut der Titel eines Reports der Max-Planck-Gesellschaft[45]. Darin konzentriert sich die Suche auf andere als die vertrauten Quellen der Energie, um deren Potenziale für die künftige Versorgung auszuloten.

Tatsächlich kann es sich lohnen, abseits der bekannten Pfade zu suchen. Ein Paradebeispiel für erfolgreiches Querdenken war die Entdeckung der Hochtemperatursupraleitfähigkeit durch Bednorz/Müller. Die beiden Physiker hatten sich entgegen aller fachlichen Expertise mit Keramiken beschäftigt und waren 1986 fündig geworden. Ihre kreative Großtat wurde bereits im darauffolgenden Jahr mit dem Nobelpreis der Physik ausgezeichnet, ungewöhnlich in der Geschichte des Preises.

Das Ungewöhnliche muss aber nicht neu sein, sondern kann längst existieren – nur eben nicht als Quelle menschlicher Energieversorgung. So ist ein sehr frühes Verfahren der Energiegewinnung in lebenden Systemen die

- Photosynthese.

Durch die Umwandlung von Licht in chemische Energie sichern Pflanzen aber auch Bakterien ihren Energiebedarf[46] und damit die Existenzgrundlage fast alle anderen Lebewesen und Ökosysteme.

Wir profitieren längst von diesem Geschehen, sind doch Erdöl, Erdgas und Kohle als fossile Energieträger vor Jahrmillionen aus Biomasse entstanden. Neu wäre allerdings der Versuch, die Photosynthese als Prozess unmittelbar energetisch zu nutzen. Bedenkt man, dass es Erdzeitalter bedurfte, um Öl und Kohle zu verwertbarer Energiedichte anzureichern, wird die Herausforderung erahnbar: Ist der Prozess jemals effizient genug, um unter wirtschaftlichen Gesichtspunkten vertretbar zu sein?

In einem ersten Schritt sollte die Energieausbeute deren Einsatz decken. Bei optimalen Wachstumsbedingungen wird ein Prozent der einfallenden Sonnenenergie in Gestalt von Biomasse gespeichert. Denn nur ein geringes

Spektrum der Lichtfrequenzen kann verwertet werden. Die Photovoltaik ist heute bei 20 Prozent angelangt. Die Technik ist also der Natur weit voraus.

Das Hauptproblem besteht darin, dass energiereiches Licht sich schädlich auf die pflanzlichen Farbpigmente auswirkt. In drei Milliarden Jahren hat die Evolution keinen Ausweg aus diesem Dilemma gefunden. Das lässt daran zweifeln, dass es der Mensch in absehbarer Zeit schaffen könnte.

Am Ende steht die betrübliche Einsicht, dass alle Konzepte der Energiegewinnung aus Biomasse unter Realbedingungen und der Berücksichtigung des dabei entstehenden Energieaufwandes einen Wirkungsgrad von etwa 0,1 Prozent erreichen – ob es sich um Getreide, Mais oder Zuckerrüben handelt.

Mehr noch, der erhoffte positive CO_2-Nutzen stellt sich nicht ein, es entsteht im Gegenteil ein negativer Effekt. Aufgrund der Oxidation des biologischen Materials in den für den Anbau genutzten Böden werden große Mengen an CO_2 freigesetzt, sodass es Hundert und mehr Jahre dauert, bis die Bilanz überhaupt erst einmal ausgeglichen sein könnte. Überdies steht der mit dem Kunstdünger eingetragene Stickstoff in den negativen Klimafolgen dem CO_2 kaum nach.

Fazit: Die bisher eingesetzten Verfahren der technischen Lichtenergiewandlung nutzen das Sonnenlicht um den Faktor 150 besser. Es übersteigt gegenwärtig die Vorstellungskraft, die Energiegewinnung durch Photosynthese und aus der Biomasse auch nur um den Faktor 10 effizienter zu gestalten. Hierin scheint die Zukunft nicht zu liegen.

Damit ist das biologische Potenzial allerdings noch nicht
ausgeschöpft. Das Füllhorn biochemischer Reaktionen
gäbe es nicht ohne

- Mikroorganismen.

Sie sind unentbehrliche Helfer bei einer schier unendli-
chen Zahl von Umwandlungsprozessen. Insbesondere erzeugen sie energetisch interessante Abfallprodukte wie
Ethanol oder Methan, dies mit einer guten Ausbeute und
befriedigender Prozessgeschwindigkeit. Der Engpass liegt
woanders - bei den Ausgangsmaterialien, vor allem Pflanzen und deren Abfälle. Damit befindet man sich wiederum in der Photosynthesefalle: geringe Energiedichte.

Es sei denn, es handelt sich um verdichtete biologische
Abfälle wie Gülle oder Abfallstoffe aus der Getreidever-
wertung. Beigestellte Biogasanlagen arbeiten bereits heute
mit guter Effizienz. Allerdings handelt es sich um Ni-
schentechnologien, die zur Lösung des großen Energieproblems lediglich marginale bzw. lokale Beiträge leisten
können.

Der gesamte weltweite Zuwachs an Biomasse müsste
eingesetzt werden, um daraus den Primärenergiebedarf
der Menschheit zu decken. Für die Biosphäre bliebe nichts
übrig. Die biologisch basierten Ansätze haben also bis
heute keinen Entwicklungspfad zur Befriedung des Energieproblems weisen können.

Doch sind die wissenschaftlich-technischen Perspektiven damit nicht erschöpft. In der organischen, also koh-
lenstoffbasierten Chemie gibt es Bestrebungen, mittels

- Polymerelektronik

neue Wege zu erschließen. Vereinfacht, zielt man darauf,
an der Stelle des teuren, aufwändig zu verarbeitenden und

spröden Siliziums als Basismaterial der Photovoltaik Kunststoffe zu verwenden. Deren Flexibilität, das geringe Gewicht, ihre einfache technische Verarbeitung für großflächige Anwendungen und ihre niedrigen Kosten lassen hoffen, auf längere Sicht die Photovoltaik zu revolutionieren. Insbesondere bergen sie die Chance, in Anwendungsbereiche vorzudringen, die für die siliziumbasierte Photovoltaik heute außerhalb sinnhafter Verwendungen und auch jenseits der Vorstellungskraft liegen.

Bislang wiesen Photovoltaik-Elemente aus Polymeren gegenüber der Standardtechnologie gravierende Nachteile auf. Erreichen Solarzellen aus kristallinem Silizium inzwischen Wirkungsgrade bis über 20 Prozent, lieferten organische Solarzellen (OSC) 13 Prozent.

Bis vor kurzem war darüber hinaus das Problem der Standzeit schwerwiegend. Für herkömmliche Module werden inzwischen Laufzeiten von 25 bis 30 Jahren garantiert. Bei Polymeren musste wegen Oxydationsprozessen die Laufzeit in Monaten betrachtet werden. Strategien, die Standzeit zu verlängern, führten zur spürbaren Verringerung des Wirkungsgrades.

Dagegen wurde ins Feld geführt, dass die Siliziumtechnologie auf eine mehr als fünfzigjährige Entwicklungsgeschichte zurückblicken kann, die polymer basierten Technologien hingegen auf kaum 20 Jahre. Daher ist nicht auszuschließen, dass im Weiteren Wirkungsgrade um 20 Prozent erreicht werden, damit die leistungsmäßige Konkurrenzfähigkeit gegenüber der Siliziumtechnik. Hinsichtlich der Standzeiten haben sich die Verhältnisse bereits wesentlich verbessert. Wenn sich die erreichten Fortschritte in industrielle Verwertungen umsetzen lassen, ist ein bedeutsamer Lösungsbeitrag zum Energieproblem zu erwarten.

Bliebe die Photovoltaik auf die **Siliziumtechnik** verwiesen, hat man es mit einer aufwändigen und kostenintensiven Verarbeitung zu tun. So sind, um metallurgisches Silizium aus Quarz zu gewinnen, Spezialöfen mit Temperaturen von 1800 Grad Celsius erforderlich. Es muss also zunächst sehr viel Energie eingesetzt werden, um Energie zu gewinnen. Das macht die relativ langen Amortisationszeiten von 8 bis 10 Jahren nachvollziehbar.

Damit sind aber die Optionen der Photovoltaik nicht ausgereizt. Im Weiteren werden sich positive Perspektiven eröffnen. => Kap. 3 „Nadelöhr"]

Wenn die **Atomwirtschaft** sich heute demgegenüber ihres niedrigen Produktionsaufwandes rühmt, sollte man nicht zuletzt um der Fairness willen erwähnen, dass im Verlauf der letzten 50 Jahre staatliche Subventionen geflossen sind, die bei heutigen Preisen einen dreistelligen Milliardenbetrag ausmachen. Zudem müsste man das mögliche Schadenpotenzial dieser Technologien berücksichtigen, dass keine Versicherung abdeckt, weil die Risiken unkalkulierbar sind.

So bleibt ein letzter Hoffnungsträger, die

- Kernfusion

Sie stellt die Umkehrung der Kernspaltung in heutigen Kraftwerken dar, bei der höherwertige Isotope des Urans kontrolliert zerfallen. Dabei wird Strahlungsenergie abgegeben, die als Wärme genutzt Turbinen antreibt. Bei der Kernfusion werden bei Temperaturen im mehrstelligen Millionenbereich schwere Wasserstoffatome (Deuterium und Tritium) zu Helium verschmolzen, wobei Energie freigesetzt wird. Der Vorteil: Die Ausgangsstoffe sind praktisch unbegrenzt in den Weltmeeren verfügbar.

Die Sache hat allerdings einen gewaltigen Haken. Die enormen Prozesstemperaturen liegen außerhalb jeglicher Materialbelastbarkeit und können nur durch Magnetfelder gebändigt werden. Die benötigen wiederum Energie und nach 50jähriger Entwicklung ist man heute noch nicht soweit, dass ein Fusionsreaktor einen Energieüberschuss erzeugen könnte. Zudem sind die Prozessanforderungen, die Kontrolle der Magnetfelder, enorm. Bisher sind stabile Fusionsprozesse nur im Minutenbereich gelungen. Im Übrigen arbeitet auch die Kernfusion nicht rückstandsfrei. So entstehen diverse Isotopen mit extrem langen Halbwertzeiten, auch vom Plutonium.

Die Euphorie der 1960er Jahre ist längst verflogen. Mit jedem Jahrzehnt wurde Entwicklungsdauer weiter heraufgesetzt. Heute wird hier und da die Kernfusion immer noch als Regeltechnologie gegen Mitte des Jahrhunderts erhofft – und selbst dafür sind *"gewaltige Anstrengungen mit weit mehr Finanzmitteln für Forschung und Entwicklung"*[47] erforderlich. *"Die Fusion befindet sich heute allerdings noch in der Entwicklung, deren Erfolg (u.a. wegen ungelöster Fragen der Physik) letztendlich nicht garantiert werden kann."*[48]

Die Zukunft der Energie liegt für die Max-Planck-Gesellschaft, dem Flaggschiff deutscher Forschung, in den biochemischen, atomaren und solaren Quellen. Klassiker wie Wind und Wasser bleiben unerwähnt – weil sie nicht mehr als die bereits bekannten Perspektiven bieten?

Doch auch in diesen längst bekannten Dimensionen gibt es noch neue Winkel entdecken oder vertraute neu auszuleuchten. So brachte der Australier Bryan Roberts, Professor an der Technischen Universität Sydney, die Idee der ***"Fliegenden Windmühlen"*** ins Spiel.

In 5.000 Metern Höhe sollen seilgebundene "Fliegende Elektrische Generatoren" (FEG) Windenergie nutzen. Erwartet werden kann ein dreifacher Ertrag zu vergleichbaren Windkraftanlagen am Boden. Dieser Ansatz wurde inzwischen verschiedentlich aufgegriffen.[49] Doch zögern Investoren wie Ministerien offenbar, das Ungewöhnliche zu erproben. "Luft hat keine Balken", diese Vorstellung mag in den Hinterköpfen stecken und dazu führen, dass die Idee gewogen und als zu leicht befunden wird.

Es gibt allerdings auch ein ernsthaftes Problem: Blitze! Selbst nichtleitende Materialien wie Dyneema sind bei Nässe auf der Oberfläche leitend. Blitzableiter wären eine Lösung. Dann stimmt aber die Gewichtsbilanz nicht mehr.

Inzwischen ist die Idee in einer Variante wiederbelebt worden. Mit einem Antrieb ausgestattete Drachen starten und landen autonom. Beim Aufstieg rollt ein Seil ab, über das der Strom an einen Generator herab geleitet wird. Ist das Seil abgerollt, muss das Gerät wieder landen. Es mag funktionieren, doch hält sich die Ergiebigkeit in engen Grenzen. Das Blitzproblem ist im Übrigen in dem Beitrag im Handelsblatt[50] nicht thematisiert worden. Dennoch birgt die Idee Potenziale, die in anderem Zusammenhang fruchtbar werden könnten. => 3. Das Konzept]

Deutlich näher an die Vision dieses Buches, die vor wenigen Jahren aus insbesondere Frankreich und China bekannt geworden sind. Wiederum in 6000 m Höhe, oberhalb der meisten Wolken, sollen PV-Fesselballons Solarenergie gewinnen.[51]

Zwar oberhalb vieler Wolken, aber dennoch innerhalb des Wetters. Das Blitzproblem sowie die Dynamik von Stürmen dürften solchen Ansätzen rasch ein Ende setzen. Es gibt gute Gründe dafür, deutlich höher zu schauen.

Eine andere Entwicklung führt in die Weltmeere. Die Idee des Gezeitenkraftwerkes ist nicht neu. Jedoch hat sie in der Erweiterung zum ***Strömungskraftwerk*** neue Impulse erhalten. Im Prinzip handelt es sich um denselben Wirkmechanismus wie bei einem Windkraftwerk, nur dass hier Wasser das die Bewegungsenergie tragende Medium ist.

Arbeitsprinzip des "Seaflow"[52]

Als erster großer Unterwasserrotor ging 2003 vor dem englischen Bristol der "Seaflow" in den Probebetrieb, mit durchaus ermutigenden Ergebnissen, sodass das Konzept Nachahmer gefunden hat.

In Europa kann man nach heutigen Schätzungen etwa 2–3% des aktuellen Stromverbrauchs mithilfe solcher Anlagen decken. Positiv sieht es besonders in Großbritannien aus. Es wird erwartet, 20% des Strombedarfs auf diese Weise decken zu können. Für Deutschland bleibt die Technologie allerdings wegen ungeeigneter Verhältnisse in der Nordsee praktisch ohne Bedeutung.

Andere Sichten

Sind tatsächlich alle relevanten Optionen ausgeleuchtet oder ist dies möglicherweise eine teutonisch verengte Sicht? Wie bewertet man die Perspektiven anderenorts?

John R. Franchi unternimmt in seinem Buch "Energy in Thek 21. Century" eine ambitionierte Gesamtsicht aus US-amerikanischer Perspektive. Das Spektrum der möglichen Primärenergiequellen deckt sich bei ihm im Wesentlichen mit dem in unserem Land diskutierten: Solarenergie, Wind, Wasser, Biomasse, Nuklearenergie. Lässt man den Wellenkraftwerkansatz außer Acht, bleibt er im Hinblick auf spekulative Forschungsansätze mit noch ungewisser Perspektive hinter dem Stand der Max-Planck-Gesellschaft (Gruss/Schüth 2008) zurück.

Dafür spannt er einen Horizont auf, der über die technologische Sicht hinaus reicht. So wird die erste Ölkrise im Jahr 1973, die zur Vervierfachung der Rohölpreise führte, in Deutschland heute zuweilen als Marktreaktion auf die erhöhte Nachfrage wahrgenommen. Franchi rückt sie in ein anderes Licht. Danach handelt es sich um eine Sanktion arabischer Staaten wegen der US-amerikanischen Intervention im Yom-Kippur-Krieg zwischen Israel und Ägypten/Syrien zugunsten Israels.

Schließlich gibt es eine dritte, inoffizielle Sicht. Es hatte sich gezeigt, dass der Dollar als damals noch goldgedeckte Währung nicht werthaltig war, als es darauf ankam (Frankreich wollte vergeblich große Dollarbestände in Gold tauschen). Der Dollar wäre damit in den freien Fall geraten und seiner Funktion als Leitwährung verlustig gegangen. Das hätte verheerende Konsequenzen für die USA gehabt, die bereits damals ihren überdimensionierten Rüstungshaushalt über die Druckmaschinen finanzierten.

Sie hatten daraufhin die Ölländer dazu ermutigt, die OPEC zu gründen und ihnen freie Hand gelassen, die Ölpreise kräftig heraufzusetzen – unter der Bedingung, dass die Rechnungen grundsätzlich in US-Dollar ausgestellt werden. Damit war die weltweite Nachfrage nach dem Dollar dauerhaft gesichert und man konnte eine unveränderte Wirtschaftspolitik, Militärpolitik und vor allem Mentalität pflegen.

Einmal mehr wird deutlich, dass gerade auch der Schlüsselfaktor Energie keineswegs (allein) der Marktentwicklung unterliegt, wie manche Lehrmeinungen vertreten. Vielmehr wird er als Machtinstrument eingesetzt. Neben und vielleicht sogar vor der Wirtschaftlichkeit muss daher die Frage der jederzeitigen Verfügbarkeit, also des autarken Zugriffs, ins Zentrum der Energiepolitik rücken.

In diesem Licht war die Desertec-Initiative in ihrem Grundgedanken, die Abhängigkeit vom Öl durch die Nutzung der Solarenergie zu reduzieren, durchaus zielführend. Wenn jedoch die Abhängigkeit von den Ölimporten lediglich durch eine Abhängigkeit von Stromimporten ersetzt wird, wird das politische Kernziel einer weitgehend autarken Energieversorgung verfehlt.

Diese Orientierung wurde überlagert durch das Argument, die südlichen Partnerländer zur Einführung umweltfreundlicher Energieprodukte für die weltweite Durchsetzung nachhaltiger Energiekonzepte zu gewinnen (Erdle 2010). Vielleicht ging es aber auch darum, durch Internationalisierung die beherrschende Position der großen Player im Energiemarkt zu sichern.

Jüngst wurde ein neuer Plan durch die Medien getrieben: Windparks auf künstlichen Inseln im Meer. Dieser Idee dürfte aus mehreren Gründen das gleiche Schicksal beschieden sein wie der Desertec-Initiative[53].

Neben den Gegebenheiten der Märkte reflektiert Franchi auch die gesellschaftliche Diskussion.

"The growth of the nuclear industry in many countries has been stalled by the public perception of nuclear energy as a dangerous and environmentally undesirable source of energy".[54]

Also doch erneuerbare Energien, obwohl sie in seiner Wahrnehmung ebenfalls fragwürdig sind?

"In an objective assessment of competing energy sources, we must recognize that clean energy sources such as hydroelectric, solar, and wind energy have a significant environmental impact that can adversely affect their environmental compatibility."[55]

Man beachte den Wortgebrauch. Die Atomwirtschaft hat es mit einer "öffentlichen Wahrnehmung" vermeintlicher Gefährlichkeit zu tun. Nicht benannte negative Effekte von erneuerbaren Energien sind hingegen "objektive Feststellungen" der Wissenschaft.

Die Subjektivierung von Risiken als Wahrnehmungsphänomen ist allerdings kein amerikanisches Spezifikum. *"Die Nutzung von Kernenergie…durch Kernspaltung findet gesellschaftlich nur begrenzt Akzeptanz"*, formulieren Gruss/ Schüth[56].

In der Geschichte der Technikfolgenabschätzung, sei es Kernenergie oder Gentechnologie oder andere, stößt man auf ein durchgehendes Diskursmuster. Seitens der Fachexperten werden Potenziale betont und Probleme als beherrschbar bezeichnet. Diese Beurteilungen beanspruchen Objektivität, weil sie auf der Basis wissenschaftlicher Kriterien gewonnen seien.

Kritische Einwendungen werden hingegen häufig der Kategorie "Akzeptanzproblem" zugewiesen, Ausdruck subjektiver Meinungen von gutmeinenden Menschen. Als Laien könnten diese aber den komplexen Sachverhalt nicht durchdringen und in sorgfältiger Abwägung aller Aspekte abschließend bewerten. Nicht selten taucht das Verdikt der "irrationalen Angst" auf. Die Vorstellung, dass Atomwirtschaft aus rationalen Gründen „nicht akzeptierbar" sein könnte, ist in dieser Denkwelt nicht zugelassen. Nach Fukushima ist allerdings manch überlegene Pose einem defensiveren Auftritt gewichen.

Was bleibt? Es sei zunächst an die Kernziele in der Energiethematik erinnert. Diese sind

> **Versorgungssicherheit**, in zweifacher Hinsicht: die Verfügbarkeit über die Quellen im Sinne der Autarkie und dass diese Quellen nicht versiegen mögen,

> **Nachhaltigkeit**, im Sinne der ökologischen Unbedenklichkeit,

> **Wirtschaftlichkeit**, d.h. eine möglichst hohe Effizienz in der Energiegewinnung und -bereitstellung sowie ein absolut betrachtet budgetverträglicher Endpreis, der Spielraum für andere Bedürfnisse lässt.

„**Kalte Kernfusion**" - gewissermaßen bei Zimmertemperatur und ohne komplexe Magnetfeldtechnologie - erscheint aus heutiger Sicht als die einzige Quelle, die möglichweise allen Anliegen gerecht werden könnte. Sie ist allerdings mit dem Nachteil behaftet, dass sie lediglich einen Wunsch verkörpert. Ob daraus jemals Wirklichkeit werden könnte - ob physikalisch überhaupt möglich - ist völlig offen.

Die **alternativen Energieträger** können als Stromquelle sicherlich einen erheblichen Anteil leisten, vermutlich sogar die anderen ablösen. Zudem fungieren sie in gewissem Umfang als Wärmequelle. Doch wie sollen die dann verbleibenden ca. 80 Prozent des Energiebedarfs gedeckt werden?

Greifen wir die **Solarenergie** heraus. Sie erscheint in manchem als ein Königsweg, fügt sie doch der Erde keine weitere Energie hinzu als die, die sie von der Sonne ohnehin erhält – und dies in einem Umfang, der ein Vielfaches unseres Bedarfs darstellt[57].

Was müsste sie leisten, um die Energielandschaft neu zu prägen? Unterstellen wir, dass unser Energiebedarf durch

Photovoltaik abgedeckt werden soll. Dazu müssten auf fast. 20.000 km² Dächern oder Flächen photovoltaische Anlagen installiert werden. Gegenwärtig sind jedoch kaum 3.000 km² dafür geeignet. Zur "Verspargelung" der Landschaft würde überdies eine "Verspiegelung" treten.

In unseren Breiten kann nur ein geringer Bruchteil des Energiebedarfs durch Photovoltaik gedeckt werden. So lautet das Fazit: Keine der Optionen ist zufriedenstellend im Hinblick auf die drei elementaren Anliegen. Zudem scheint das, was immer getan wird, einen Preis in anderen Bereichen abzuverlangen. Letztlich stets eine Sackgasse, wie immer wir uns auch wenden?

Höher und höher

"…but the stars we could reach
are the starfishs on the beach."

Resignation prägt die letzten Zeilen von Terry Jacks Million-Seller "Seasons in the Sun" aus dem Jahr 1975.

Es scheint, als hätte sich die Gemeinschaft der Energieforscher diese Horizontbeschränkung zu Eigen gemacht. Und so wird unentwegt jede Erdkrume gewendet in der Hoffnung, darunter den ewig sprudelnden Energiequell zu entdecken. Alle? Nein, einige haben den Blick himmelwärts gerichtet.

36.000 Kilometer

Eigentlich liegt es auf der Hand, denn wo ist die Sonnenstrahlung am intensivsten, durchgehend 24 Stunden? Natürlich im Weltraum. Jedoch mussten wohl die Erschließung des erdnahen Raumes, beginnend mit dem sowjetischen Sputnik im Jahr 1959, sowie der Einsatz des Siliziums in der Mikroelektronik aus der Taufe gehoben sein. Erst dann konnte die immer noch kühne Vorstellung, mit photovoltaischen Anlagen im Weltraum die Energieversorgung auf der Erde zu sichern, aufkommen.

"Power from the Sun", lautete der Beitrag, in dem Peter Glaser[58] 1968 erstmals die Idee ins Spiel brachte[59], mit Satelliten Sonnenenergie "einzufangen", umzuwandeln und zur Erde zu übertragen.

Der Ansatz: Im Weltraum werden Solarkraftwerke (Solar Power Satellites - SPS) positioniert, (zumeist) mittels der Photovoltaik elektrischer Strom erzeugt und als Mikrowellen oder Laserstrahl zur Erde übertragen. Glasers Aufsatz löste eine Vielzahl von Aktivitäten aus: Studien und Experimente, die sich mit der grundsätzlichen Machbarkeit eines solch ambitionierten Konzepts auseinandersetzten.

So wurde in den 80er Jahren ein Szenario zur weltraumgestützten Energieversorgung entwickelt. 60 Satelliten in geostationärer Umlaufbahn (also in 36.000 km Höhe) mit einer Gesamtleistung von 300 GW sollten den Elektrizitätsbedarf der USA decken.

Für ein einzelnes dieser SPS war eine Masse von 50.000 t konzipiert, zusammen also 3 Mill. t. Diese müssten in eine geostationäre Umlaufbahn transportiert werden. Die heute stärksten Raketen schaffen keine 30 Tonnen Nutzlast in eine niedrige. Erdumlaufbahn. Um eine geostationäre Bahn zu erreichen, wären weit mehr als 100.000 Starts erforderlich. Die Kosten des Transports betrugen damals 50.000 $/kg. Heute sind es 1.400 $/kg. (TAB-Studie) Gegenwärtig wären es für 3 Mill. t 4,2 Billionen $ (nach dt. Zählweise) allein für den Transport. In der Folge wurden kleinere, einfachere und anpassungsfähigere Systeme

59

entworfen, die zudem aufgrund des Einsatzes robotischer Komponenten in einen automatisierten Aufbau weitgehend die Anwesenheit von Menschen nicht benötigen.

Verschiedene Untersuchungen => Anh. 4] gelangen zu dem Schluss, dass einer Realisierung prinzipiell keine technologischen Hindernisse im Weg stehen. Erwartet wurde bei deutlichen technologischen Fortschritten ein Energiepreis von 0,04 bis 0,05 $/kWh.[60] Zeitnahe wären es allerdings 16 $/kWh[61] gewesen.

Ein bleibendes Risiko ist die Steuerung des Strahls, der die Energie zur Erde führen soll. Er wäre so energiereich, dass bei einer minimalen Winkelabweichung angesichts der Entfernung von 36.000 km große Flächen im Umfeld versengt werden würden. Zudem stellt sich die Frage, wie die Atmosphäre auf eine solche permanente Energiedurchleitung reagieren würde. Letztlich blieb Skepsis hinsichtlich der Finanzierung. Im kleinen Maßstab stand die technische Machbarkeit außer Frage. *"Kritisch bleiben allerdings Dimensionen, Massen. Leistungsniveau und die Durchführung des gesamten Großprojekts."*[62]

Nichtsdestoweniger plant Japan einen neuen Anlauf. *„Bis zum Jahr 2030 (will man) ein Photovoltaik-Kraftwerk (zunächst als kleinere Versuchsanlage, später) mit einer Gesamtleistung von einem Gigawatt im Weltall installieren."*[63] Die Energie soll in Form von Mikrowellen zur Erde geleitet werden. Das hatte die NASA schon vor Jahrzehnten geplant. Es heißt also abzuwarten.

Alles weist daraufhin, dass es sich um ein außerhalb der Regeltechnik liegendes Konzept handelt, dass zur Lösung des Energieproblems keinen wirksamen Beitrag leisten kann. Das gilt auch für die jüngst in die Diskussion eingebrachten Pläne, die Albedo im erdnahen Weltraum mittels gewaltiger Reflexionseinrichtungen zu erhöhen. Es sei denn…

60

Im Jahr 1979 erschien der Science Fiction Roman "The Fountains Of Paradise" von Arthur C. Clarke (dt.: Fahrstuhl zu den Sternen). Er griff darin einen Gedanken auf, der von dem Russen Y. N. Artsutanow bereits im Jahr 1960 publiziert wurde.

Eine geostationäre Raumstation in 36.000 km Höhe wird mit der Erde durch ein Kabel verbunden. Darauf bewegen sich Lifte, die täglich bis zu 12.000 Tonnen Last zur Umlaufbahn transportieren können.

In den sechziger Jahren wurde die Idee von westlichen Wissenschaftlern aufgegriffen, vermutlich unabhängig von Artsutanow, um schließlich durch Clarkes Roman populär zu werden.

Welch abwegiger Gedanke, wird dem Leser durch den Kopf gehen. Ein solches Seil würde nicht eine Sekunde dem Eigengewicht standhalten können und reißen. Richtig – jedoch lassen sich die ehernen Gravitationsgesetze vielleicht überlisten. Verbindet man die Raumstation mit einem Gegengewicht jenseits der eigenen Laufbahn, dessen Fluchtimpuls gerade die Gravitationsbelastung des Seiles ausgleicht, könnte das Problem lösbar sein.[64] Der Fahrstuhl zu den Sternen könnte mit einem Aufwand betrieben werden, der unvergleichlich niedriger wäre als jeglicher Raketentransport.

Abgesehen von grundsätzlichen Problemen der Machbarkeit bzw. Funktionsfähigkeit bliebe ein Problem: Wie montiert man das System? Solange es nicht existiert, muss das Material mit herkömmlichen Methoden in die Höhe gebracht werden. Setzt man für einen Meter Aufzugsinstallation nur 10 kg Gewicht an, wären 360.000 Tonnen in die geostationäre Umlaufbahn zu transportieren. Die Ladekapazitäten der größten Raketen liegen gegenwärtig bei etwa 24 Tonnen, es wäre also 15.000 Starts erforderlich allein, um das System als solches zu befördern. Bisher ist nicht bekannt, dass es Planungen oder gar Aktivitäten gibt, die von dieser Idee geleitet sind.

Vergegenwärtigen wir uns noch einmal, worin die Attraktivität des Konzeptes liegt:

➢ Solarenergie ist ohne atmosphärische Abschwächung verfügbar.

➢ Wegen einer nur minimalen Abschattung im Frühjahr und im Herbst kann praktisch durchgehend 24 Stunden Energie gewonnen werden.

➢ Nur von einer geostationären Bahn aus lässt sich aus dem Weltraum eine fixe Verbindung mit der Erdoberfläche herstellen.

➢ Die Kabelverbindung macht eine Mikrowellen-/Laserstrahlübertragung verzichtbar.

Es gibt allerdings einen Wermutstropfen (eigentlich ein Euphemismus). Die geostationäre Bahn liegt im oberen Van-Allen-Gürtel. Dort fängt das Erdmagnetfeld große Teile der kosmischen Strahlung ein. Es handelt sich zwar "nur" um Elektronen, jedoch stellt die immer noch sehr hohe Strahlenbelastung eine Hypothek für jegliche dauerhafte Stationierung dar.

Wegen physikalischer Belastungen und Grenzen ist das Konzept wohl nicht in den Clarke'schen Dimensionen realisierbar. Jedoch, ließe sich nicht zumindest ein Teilnutzen erreichen, ohne sich den unerschwinglichen Transportaufwand und die sonstigen Risiken aufzuladen? Geht es nicht möglicherweise auch näher – viel näher?

2. Solarenergie aus der Stratosphäre

Ein neuer Ansatz

Ein Blick auf die Energiedebatte der letzten dreißig oder vierzig Jahre offenbart die überraschende Tatsache, dass es keine echten Überraschungen gibt. So gut wie alles, was gegenwärtig diskutiert und erprobt wird, ist bereits seit Jahrzehnten bekannt: Geo- und Solarthermie, Photovoltaik, Wellen- und Gezeitenkraftwerke, Windenergie… Selbst die Verwertung von Biomasse oder die Idee, auf biochemischem Weg durch Photosynthese Energie zu gewinnen, sind nicht wirklich neu. Gewiss ist man heute in der technischen Umsetzung und Effizienzsteigerung vorangekommen. Häufig ist allerdings auch Ernüchterung angesichts allzu optimistischer Erwartungen eingekehrt.

Im Hinblick auf die Energieerzeugung stützt sich die hier entwickelte Idee ebenfalls auf Bekanntes: Photovoltaik. Es handelt sich also nicht um einen Paradigmawechsel Thomas Kuhn'scher Dimension, wohl aber um eine Neuorientierung der Perspektive.

Die Stratosphäre als Ort der Gewinnung ist jedenfalls in den zugänglichen Publikationen und in der öffentlichen Diskussion bisher nicht aufgetaucht. Dabei ist der Grundgedanke bestechend schlicht. Man nehme sehr große, mit Wasserstoff gefüllte Ballons, beschichte sie mit Dünnschichtphotovoltaik, lasse sie gefesselt in der Stratosphäre (korrekt in der Tropopause) schweben und leite den erzeugten elektrischen Strom über Kabel zur Erde. Auf diese Weise ist es möglich, den jährlichen Energiebedarf Deutschlands von annähernd 3 Mill. GWh bereitzustellen.[65]

Damit wären alle emissionsbezogenen Probleme vollständig aus dem Weg geräumt. Wäre die Durchführung so schlicht wie die Idee, hätte man es sicherlich schon längst versucht – dieser Gedanke drängt sich auf. Das war bisher nicht der Fall, ist es also unmöglich? Oder hat man daran bisher nicht gedacht, nicht zuletzt, weil Wasserstoff seit der Lakehurst-Katastrophe im Jahr 1937, in der der Zeppelin Hindenburg verbrannte, als zu gefährlich gilt? Vielleicht aber waren bis vor kurzem bestimmte technische Voraussetzungen nicht gegeben.

Wie auch immer, es ist jedenfalls ertragreicher, sich mit den heute gegebenen Verhältnissen auseinanderzusetzen: die technischen Anforderungen, die naturgegebenen und gesellschaftlichen Rahmenbedingungen, der mögliche Nutzen.

Die Lufthülle der Erde

Die Lufthülle der Erde reicht als Exosphäre bis zu 10.000 km in den Weltraum hinein.

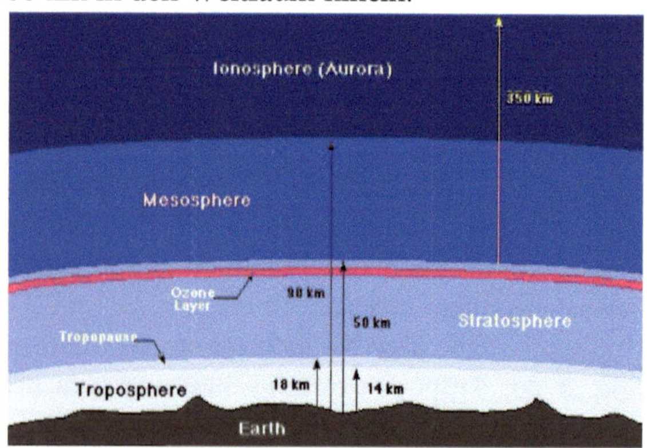

Quelle: http://aerosolforschung.web.psi.ch/Glossar/Glossar_Page.htm

Der Bereich, in dem Leben möglich ist, die Troposphäre, endet allerdings bei 12 km.[66] Bis zu einer Höhe von 50 km schließt sich (nach der Tropopause) die Stratosphäre an.

In einer Höhe von 10 bis 12 km trat (bisher) das Phänomen des Jetstreams mit Geschwindigkeiten bis 500 km/h auf. Er wird verursacht vom Zusammenwirken der Erdrotation sowie der Temperaturdifferenzen zwischen der Polarzone und der gemäßigten Zone.

Die Verhältnisse in der Stratosphäre sind mit zunehmender Entfernung vom Äquator sehr verschieden. Über dem Äquator können Wolkenformationen bis in 18 km Höhe auftreten. Vertikale Strömungen reichen zuweilen bis in Höhen von 80 km. Ebenso sind über den Polen Wetterereignisse in großen Höhen beobachtet worden.

Über Mitteleuropa ist hingegen oberhalb von 13 km kein Wettergeschehen festzustellen. Insbesondere findet keine Wolkenbildung statt. Zudem gibt es keine nennenswerten vertikalen Luftströmungen. Zu Recht spricht man von „Tropopause". Ihr folgt die Stratosphäre, sodass die Operationsebene für das Ballonsystem eigentlich die Tropopause ist. (Der Begriff „Stratosphäre" ist jedoch dem allgemeinen Sprachgebrauch geläufiger und wird weiterhin verwendet.)[67]

Das Fehlen vertikaler Strömungen ist von eminenter Bedeutung. Luftverwirbelungen sind nicht zuletzt die Folge des Aufeinandertreffens von horizontalen und vertikalen Strömungen. Und diese sind es, die für jegliche Bauten und Geräte in der Luft die größten Anforderungen an die Stabilität stellen.

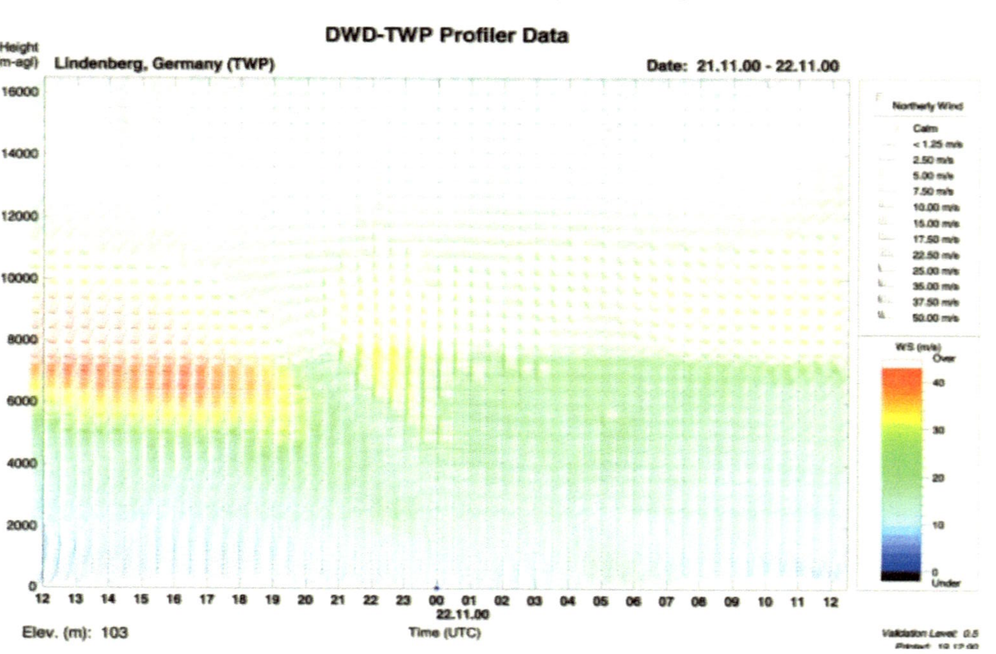

DWD-TWP Profiler Data
Lindenberg, Germany (TWP)
Date: 21.11.00 - 22.11.00
Height (m-agl)
Time (UTC)
22.11.00
Elev. (m): 103
Northerly Wind
Calm
< 1.25 m/s
2.50 m/s
5.00 m/s
7.50 m/s
10.00 m/s
15.00 m/s
17.50 m/s
22.50 m/s
25.00 m/s
35.00 m/s
37.50 m/s
50.00 m/s
WS (m/s)
Over
Under
Validation Level 0.5

In äquatorialen Verhältnissen wäre die Idee kaum umzusetzen In Mitteleuropa ist hingegen die Luft in dem Höhenbereich zwischen 13 und 20 km sehr ruhig. Strömungen kommen vornehmlich aus westlicher Richtung. Richtungswechsel im Frühjahr (von Nord nach Süd) vollziehen sich langsam. Ebenso gibt es keine plötzlichen Geschwindigkeitsveränderungen der Luftströmungen. Diese bauen sich vielmehr langsam auf, sodass keine Reißeffekte auftreten.

Die Graphik zeigt, wie sehr sich die Verhältnisse in der Tropopause von der Troposphäre unterscheiden. In einer Höhe von 8 bis 10 km tobt ein Orkan mit Windgeschwindigkeiten von 40m/s = ca. 140 km/h, während einige Kilometer höher ein gleichmäßiger Wind von 10m/s = 36 km/h für die Verhältnisse in der Tropopause typisch ist.

Übliche Strömungsgeschwindigkeiten liegen zwischen 20 bis 70 km/h. Es sind allerdings Spitzen bis über 200 km/h gemessen worden, dies aber wie gesagt in einem Umfeld geringer Dichte und allmählicher Steigerungen. Wenn irgendwo, dann ist dort der richtige Ort, um ein derartiges Vorhaben anzugehen.

Erwartungen

Ohne Wetterereignisse, scheint die Sonne in der Tropopause tagsüber durchgehend. Damit ist der Ertrag planbar, sich lediglich durch die Wechsel von Tag und Nacht sowie der Jahreszeiten verändernd. Zudem ist in dieser Höhe im Vergleich zum Erdboden das Tageslicht bereits um eine Stunde verlängert. Schließlich ist die Energieeinstrahlung dort um 30 Prozent höher als am Boden.

Der Begriff „Ballon" mag über die Leistungsfähigkeit des Systems hinwegtäuschen. Bereits bei dem ursprünglich angesetzten Wirkungsgrad der Photovoltaik von 13 Prozent läge die theoretische Ausbeute in der Stratosphäre dreifach höher als am Boden und würde eine Jahresausbeute von 0,4 MWh je m² gewährleisten. Ein Ballon mit 100 m Durchmesser und einer Schattenfläche von 7850 m² würde real 3,14 GWh erbringen. Geht man von einem heute gängigen 20%igen Wirkungsgrad aus, handelt es sich um eine Jahresleistung je Ballon von 4,8 GWh.

Ein mittleres Atomkraftwerk erbringt 11 TWh/a. Das heißt, 2.500 Ballons substituieren ein Atomkraftwerk mit der Leistung des Kraftwerks Emsland. Moderne Windkraftwerke im Regeleinsatz erzielen einen Output bis ca. 7 GWh/a. Allerdings stoßen weitere Installationen bereits heute auf heftige Widerstände. Und wenn auch die Argumente der „Vernunftkraft"-Apologeten in mancher Hinsicht fragwürdig sind, ist doch der Hinweis auf den enormen Flächenbedarf für eine spürbare Substitution herkömmlicher Energieträger durch Windkraft am Boden ernst zu nehmen.[68] Ähnlich dürfte es einer groß anlegten Etablierung der Photovoltaik auf dem Boden ergehen. Um den Gesamtbedarf zu decken, wäre eine voll abgedeckte Fläche von annähernd 20.000 km² erforderlich, zudem fast ebenso viel Flächen für logistische Funktionen. Das würde annähernd eine Verdopplung der gegenwärtigen Versiegelung (Bauten, Straßen, Plätze etc.) bedeuten. Berechnungen zu nutzbaren Hausdächern erbrachten eine Fläche von 1.000 bzw. 3.000 km².[69] Stratoenergie ist hingegen faktisch unsichtbar. Viele Akzeptanzeinwände wären damit hinfällig.

Die Alternativen

	Erdboden	Tropopause	Weltraum (geostationär)
Lichteinfall	12 Std.	13 Std.	24 Std.
Energiedichte[1]	$960\,W^{70}/m^2$	$1.280\,W/m^2$	$1.360\,W/m^2$
Verfügbarkeit	witterungs-bedingt	bei Tageslicht unbeschränkt	unbeschränkt
Aufwand	mittel	Hoch	untragbar
Versorgung[2]	bis 30 %?	100%	100%
V-Sicherheit	Abhängig	Autark	abhängig[3]

[1] in Mitteleuropa [2] erreichbarer Beitrag zum gesamten Primär-energiebedarf [3] nur in externen Territorien durchführbar

Gegenüber der Geostat-Lösung (inmitten des äußeren Van-Allen-Gürtels!) ist die Tageslichtbegrenzung eine Einschränkung, was zur Zwischenspeicherung nötigt. Andererseits ist man etwa bei „Geostat" auf Bodenstationen am Äquator, also außerhalb des eigenen Territoriums angewiesen. Im Übrigen ist es um Größenordnungen leichter, den Strom aus einer Höhe von 14 km herab zu bringen als aus dem Weltraum. Der gewaltige Vorteil einer quasi-terrestrischen Anlage liegt in der Bodenanbindung. Wenn auch auf maximale Ausbeute gegenüber dem Weltraum verzichtet werden muss, ist doch ein Vorteil eminent: Es erscheint machbar!

Wer dennoch von Gigantismus spricht, sollte sich vor Augen führen, dass in Deutschland ein Stromnetz mit 1,8 Mill. km Länge und ein Telefonnetz mit ca. 60 Mill. km Kabeln existiert. Zudem 550.000 km Abwasserkanäle.

3. Das Konzept

Auftriebskörper (Ballons) werden mit einer photovoltaisch aktiven Oberfläche versehen. Der Auftrieb wird mit Wasserstoff erzeugt. Diese Füllung ist um das Vierzehnfache leichter als Luft.[71]

Mittels eines bodenverankerten Haltesystems (Seile) wird die stationäre Position in 13 bis 14 km Höhe gesichert. Die Ballons sind u.a. zu Stabilisierung miteinander vernetzt. Die Seilsysteme dienen gleichzeitig dem Energietransport zum Boden.

Ausgehend von einem Vollversorgungsansatz und einem Wirkungsgrad von 13% müssten eine Millionen Ballons in einer Höhe von 13 bis 14 km stationiert werden. Sie werden in einem Abstand von 300 Metern voneinander platziert. Dadurch werden Abschattungseffekte minimiert und ausreichend Licht zum Boden durchgelassen. Das Gesamtsystem ist bei dieser Datenlage über einer Fläche von 160.000 km² ausgebreitet.[72] Wer darüber erschrickt, sollte sich klarmachen, dass das Straßensystem sich über die Gesamtfläche des Landes, also über 357.000 km² verteilt. Schränkt man den Versorgungsanteil auf 65 Prozent ein und überlässt den Rest terrestrischen Quellen, sind es "nur" noch gut 100.00 km². Bei einem Wirkungsgrad von 20 Prozent reduziert es sich auf rund 70.000 km².

Die Reduktion der Sonneneinstrahlung am Boden läge bei gut vier Prozent. Das wäre angesichts des Ozonlochs und der Trockenheit in Brandenburg, Nordbayern und Thüringen ein wünschenswerter Effekt.

Der Wirkungsgrad der **Dünnschichtphotovoltaik** war früher gegenüber dem Siliziumstandard um ein Drittel geringer. Der Abstand ist seitdem geschrumpft, gleichzeitig ist der Wirkungsgrad aller Technologielinien deutlich gestiegen. Erst mit ökonomisch vertretbarer Dünnschichttechnologie ist ein solches System realisierbar, denn Silizium ist starr und schlicht zu schwer. So aber können nun die Vorteile der Lichteinstrahlung auf einen Kugelkörper genutzt werden. Bezogen auf die „Schattenfläche" (die Querschnittsfläche, die der Abdeckung bei einer flachen Bodenmontage entspricht) erbringt das Konzept stets die Ausbeute bei optimalem Einfallswinkel. Das ist bei flachen Bodenmontagen selbst bei aufwändiger Nachführung nicht erreichbar.

Mit dem System geht der Einstieg in die **Wasserstoffwirtschaft** einher. Das Gas dient zunächst als Füllmaterial für die Ballons. Zudem wird es für mobile Verwendungen (z.B. Brennstoffzellen) eingesetzt, ggf. auch als Zwischenspeicher für tagsüber erzielte Überschüsse zur Nutzung in der Nacht sowie im Winter. Inzwischen schreitet auch die Leistungsfähigkeit stationärer Batterien voran, sodass sich Alternativen bieten. Durch Wandlung und Rückwandlung entstehen allerdings energetische Verluste bis zu 60 Prozent. Die Nacht- und Winter-Versorgungslücken könnten durch einen ergänzenden Ansatz ohne Verluste weitgehend geschlossen werden: durch **Flugwindkraftwerke**[73]. Ein Hemmnis einer verbreiteten Nutzung ist die Gefahr, die von Blitzen ausgeht. Das Problem entfällt bei Anlagen, die am Stratosystem angehängt werden. Sie können auf Höhen mit maximalem Windeinfall (6 bis 8 km) herabgelassen werden und arbeiten auch nachts. Das Blitzproblem ist ausgeschaltet, weil die Anbindungen nach oben geführt sind, also in Zonen ohne Wettergeschehen hinein. Damit bleiben die Verbindungen trocken, Blitze finden keine Ableitung.

Durch Netzverknüpfungen untereinander und dank der langen Anbindungen können sich Belastungen durch Stürme im Sinne des Wortes auspendeln. Jedenfalls würde daraus auch für die Tagesausbeute eine Kapazitätsausweitung resultieren, die Ballons einsparen hilft. Die zusätzliche Auftriebsbelastung für das Gesamtsystem, bezogen auf einen gegebenen Energieertrag, wird dadurch reduziert.

Komponenten und Anforderungen

Ein derart komplexes System benötigt eine Vielzahl unterschiedlicher Komponenten: Ballons mit photovoltaischer Beschichtung / Netzwerk zur Stabilität / Netzwerk Strom / Ankersystem / Stromleitungen Boden / Blitzableiter / Fernbeobachtungseinrichtungen / mobile Arbeitsplattformen / Druckanzüge / Selbstreparaturtechniken, / elektrische und elektronische Komponenten, um die wichtigsten zu nennen.

An Materialien werden eingesetzt: Hüllen / Wasserstoff / Seile / Kabel / Transformatoren / Sensorik / Baustoffe / Verbindungsmaterialien / Werkzeuge…

In einem komplexen System, das unter extremen Bedingungen funktionstüchtig und zuverlässig sein muss, gibt es im Grunde keine unkritischen Materialien und Geräte. Allerdings sind einige Schlüsselelemente hervorzuheben, deren Funktionalität über Gelingen oder Scheitern entscheidet. Dies sind in erster Linie Hüllen und Seile bzw. Kabel.

Die Hüllen müssen über teils konträre Eigenschaften verfügen:

> ➢ Wasserstoff zurückhalten (aufgrund des geringen Drucks und der tiefen Temperaturen am Einsatzort

ist Wasserstoff bei einem Austreten nicht selbstentzündend),

> den mechanischen Anforderungen standhalten,
> wegen der photovoltaischen Elemente und elektrischen Verbindungen bei Temperaturunterschieden von insgesamt etwa 120 Grad C (von — 60 bis + 80) einen niedrigen Dehnungskoeffizienten aufweisen,
> andererseits mit dem Aufstieg in Zonen geringer Luftdichte eine Ausdehnung ohne Funktionseinschränkungen verkraften, (siehe dazu in Kap.3 „*Der Ballon: Fertigung und Aufstieg*")
> strahlungsresistent sein,
> eine hohe Dauerstabilität aufweisen,
> sehr leicht sein.

Die Seile müssen

> hoch belastbar und dauerhaft stabil sein,
> in vertikaler Ausrichtung nicht „kriechen" [74],
> geringe Dehnung aufweisen.

Kritische Einwirkungen wären insbesondere: UV-Strahlung / Windlasten / Temperaturdifferenzen / Eigenschwingungen / Blitzschlag. Das Schwingungsproblem wird durch die Ausdehnung des Systems entschärft. Aufgrund der enormen Masse und deren inneren Widerstand wird die Energie im Verlauf der Ausbreitung in Wärme umgesetzt und somit 'aufgezehrt'.

Auftriebskörper

Die Auftriebskörper sind kugelförmig, die Oberflächen sind vollständig photovoltaisch aktiv. Die Kugel hat die ideale Relation von Volumen zur Oberfläche, somit das günstigste Verhältnis von Eigengewicht und Auftrieb. Ferner

erweist sie sich als optimale Form für die Solarenergiege-
winnung (höchste Energiedichte, bezogen auf die Schnittflä-
che).

Daten zum Ballon

Durchmesser	**100 m**
Oberfläche	31.400 m²
Volumen	523.000 m³
"Schattenfläche"	**7.850 m²** (optimal aktive Fläche, bezogen auf die Gesamtoberfläche)
Auftriebskraft Boden	~630 t (523.000m³ x 1,293[75] = 676 t abzüglich 523.000m³ x 0,089 kg Wasserstoff-Füllung[76] : ~ 46 t)
Auftriebskraft 14 km	~**105,4 t** (Luftdichte 0,17 = 107 t, abzgl. 0,5% [77]) Ballonfüllung: 46 x 0,17 = **7,82 t**

Gigantismus? Forschungsballons in der Stratosphäre haben ein
Volumen bis 1,2 Mill. m³ und eine Länge bis weit über 200 m.
(https://www.eskp.de/klimawandel/turmhohe-forschungsbal-
lons-messen-ozonschicht-935565/)
Das Hüllengewicht beträgt 0,9 kg/m² [78], zuzüglich etwa
25 Prozent für die elektrischen und Stabilisierungsfunktio-
nen. Pro Ballon werden dann 35 t Hüllmaterial benötigt, für
600.000 also 21,5 mill. t. Bei einem verfügbaren Auftrieb
von 105,4 t verbleibt zunächst ein Überschuss von rund 70
t pro Ballon = 42 Mill t insgesamt.
Die Ballons sind als vernetztes Array mit je 4 bis 6 Verbindungen angeordnet[79]. Die Vernetzung stabilisiert das
Gesamtsystem. Durch einen entsprechenden räumlichen
Versatz zueinander (Rautenform) wird die gegenseitige
Abschattung minimiert[80]. Gleichzeitig erhöhen wechsel-

seitige Reflexionsgewinne die Ausbeute, beide Faktoren dürften sich in etwa ausgleichen.

Die horizontale Vernetzung einschließlich technischer Ausstattung und die vertikale Verkabelung zum Boden muss vom verbleibenden Auftriebsüberschuss getragen werden.

Haltesystem, Seile

Anfängliche Überlegungen, die Ankersysteme als extrem hohe Bauten anzulegen, haben sich als undurchführbar erwiesen. Mit den gegenwärtig eingeführten Bautechnologien liegt bei viertausend Metern eine absolute Obergrenze.[81]

Daher muss die Lösung in einem Seilsystem gesucht werden. Die Leistungsfähigkeit der Seile als Verbindungselemente zum Erdboden ist damit ein kritisches Element im System. Auf die Seile wirken — insbesondere in vertikaler Position - folgenden Faktoren bzw. Kräfte:

- ➢ Eigengewicht,
- ➢ Gewicht der Stromkabel und der Blitzableiter,
- ➢ Windlasten auf den Seilkörper,
- ➢ Windlasten auf die Ballons und das Netz.

Zudem ist zu beachten, dass manche Materialien in vertikaler Streckung nach einiger Zeit zum Kaltfließen/Kriechen neigen und damit ihre Stabilität einbüßen.

Andererseits kommen Seilen positive Eigenschaften zu, die sich speziell in diesem Verwendungszusammenhang als nützlich erweisen. Sie reagieren im Hinblick auf zuweilen enorme Windlasten und mögliche Turbulenzen elastisch. Aufgrund ihres Gewichts und ihrer Länge wirken sie als unsymmetrisches Masse-Feder-System und sind in der Lage, einwirkende Kräfte ausschwingen zu lassen und in

Wärme umzuwandeln. Die Befestigungspunkte werden somit nicht durch Schnellkräfte beansprucht.

Nehmen wir Dyneema. Es handelt sich um eine hochfeste Polyethylen-Faser mit der fünfzehnfachen Stärke von Stahl. Die Reißlänge[82] von Dyneema beträgt annähernd 400 km. Mit einer Dichte von 0,95 bis 0,97 g/cm³ ist das Material etwas leichter als Wasser und schwimmt. Die Faser ist sehr lange haltbar und hat eine hohe Beständigkeit gegen Abrieb, Feuchtigkeit, UV-Strahlung! und Chemikalien. Sie verträgt Temperaturen von +80 bis -150° C.

Die Festigkeit steigt bei Temperaturen unter Raumtemperatur. Bei -30 ° C beträgt der Festigkeitszuwachs 30 % gegenüber Raumtemperatur. (In 15 km Höhe liegt die Temperatur bei -40 bis -70° C.) Im Weltall finden daher Seile aus Dyneema Anwendungen in zahlreichen Raumexperimenten. Die Faser bleibt dabei trotz der Kälte stark und flexibel und wird im Unterschied zu anderen Materialien nicht spröde.

Dyneema ist (wie andere Produkte auf derselben Materialbasis: Certran, Spectra) die gegenwärtig stärkste Faser. Dabei handelt es sich um gewöhnliches Polyethylen, aus dem die Plastiktüten der Supermärkte hergestellt werden.

Der entscheidende Unterschied liegt in der Materialverarbeitung. Die Faser bildet im normalen Herstellungsprozess Knäuel und das genügt für Alltagsverwendungen. Ihre besondere Stärke erhält sie durch die Streckung der Einzelfasern. Durch die Längenausdehnung entsteht eine große Kontaktoberfläche und somit ein hoher innerer Reibungswiderstand im Faserbündel. Gegenwärtig hat man diese Technik bis zu einem Streckungsgrad von gut 95% vorangetrieben. Damit sind aber erst 20% der theoretisch denkbaren Stärke ausgeschöpft.

Für bisherige Anwendungen genügt das. Da nun diese Verfahren auf der Molekülebene ansetzen und technisch äußerst anspruchsvoll sind, hat man die Entwicklung in dieser Hinsicht nicht weiter vorangetrieben. Stattdessen wurden andere Parameter bearbeitet.

Das „Kriechen", welches in der vertikalen Nutzung noch vor 20 Jahren ein Problem darstellte, gilt inzwischen als weitgehend beherrscht. Sollte aus Gewichtsgründen eine höhere Belastbarkeit bei gegebenem Durchmesser notwendig sein, bestände hier noch Entwicklungspotenzial.

Seile mit 4 bis 16 mm Durchmesser finden Verwendung für Schiffe, Ölplattformen und Tiefseeinstallationen. Hier werden allerdings zur vertikalen Positionierung der Ballons bis zu 16 cm-Seile mit einem Gewicht von 30 t benötigt. 600.000 Ballon erfordern demnach bis zu 18 Mill t Material. Damit verbleiben 22 Mill. t Auftrieb.

Eine konstante Last darf nicht länger als etwa 24 Stunden 25 Prozent der theoretischen Belastbarkeit überschreiten. Anderenfalls wird die Materialstruktur geschädigt. Die zu berücksichtigenden Spitzenlasten (durch Wind) sind jedoch dynamisch und treten nur sporadisch und schubweise auf.

Anders Aramid, ein Polyamid. Dank seiner netzartigen Struktur kann es problemlos in vertikaler Position verwendet werden. Mit einer geringeren Leistungsfähigkeit als Dyneema dient es angesichts seiner hohen Dichte unter anderem zur Elektroisolation, im gegebenen Zusammenhang eine willkommene Eigenschaft. Andere wesentliche Anwendungen sind Bremsklötze (temperaturfest bis 400° C) und Schutzwesten.

Als Komposit decken die Materialen ggf. zentrale Anforderungen an Seile ab. Bereits heute wäre daher ein Haltesystem mit den geforderten Eigenschaften realisierbar. Das hat allerdings seinen Preis: Per kg lag er noch vor einiger Zeit je nach Material mit 25 bis 200 Euro in prohibitiven Größenordnungen. Dies ist nicht zuletzt der aufwändigen Herstellung und den geringen Fertigungsmengen geschuldet. Hochleistungsmaterialien für Extrembelastungen haben einen Weltmarkt von jährlich wenigen Tausend Tonnen.

Inzwischen sind die Preise gesunken. Zudem würde das beschriebene System über Jahrzehnte eine Nachfrage in der Größenordnung des mehr als Hundertfachen auslösen. Somit sind durch die „economies of scale"-Effekte drastische Preisreduktionen zu erwarten.

Für die horizontale Verkabelung (Verbindung, Stromnetz) werden pro Ballon ca. 1000 m kalkuliert, insgesamt 600 Mill. Meter Seile/Kabel. Bei einem Gewicht von 30kg/m handelt es sich um 18 Mill. t Material. Es verbleibt ein Auftriebsüberschuss von ca. 4 Mill. t.

Verankerung

Herkömmliche Bauwerke kommen für die Verankerung nicht infrage. Das Seilsystem muss also auf dem Boden gehalten werden, angesichts der gewaltigen Kräfte, die etwa bei Windbelastungen auf die Ballonflotte einwirken, eine gigantische Herausforderung.

Herrschte unter den Bauexperten des Workshops Ratlosigkeit, fand sich später eine verblüffend einfache Lösung. Am Grund eines 200 m tiefen Lochs wird ein starker Betonsockel mit einer Fläche von 10.000 m² ins Erdreich gelegt. Davon ausgehend werden entsprechend dimensionierte Verbindungen zur Oberfläche geführt. Daran werden die herabkommenden Seile befestigt. Durch Spleißen wird u.a. die Beanspruchung einzelner Fasern, die dem Auflagedruck ausgesetzt sind, reduziert. Zur weiteren Belastungsverringerung könnte man die Spleiße in ein druckfestes Gelpolster mit hoher Viskosität lagern, sodass der Pressdruck auf die gesamte Oberfläche verteilt wird.

Das Erdreich über dem Sockel bildet einen Anker von circa vier Millionen Tonnen Gewicht. Zudem ist dieses Gestein mit seiner Umgebung verbunden und bietet einer Bewegung enormen Reibungswiderstand.

Da windbedingte Zugkräfte in einem schrägen Winkel einwirken, wird dieser "Anker" gegen das angrenzende Erdreich gedrückt und ist nicht herauszulösen. Lediglich die Belastbarkeit der Seile und die Bruchfestigkeit des Betondeckels stehen auf dem Prüfstand. Das lässt sich berechnen. Dabei sind neben den bereits benannten Faktoren, Eigengewicht und Windlasten, zu berücksichtigen:

➢ die Belastbarkeitseinbuße der Seile durch das Spleißen[83],

➢ eine Sicherheitsmarge gegenüber der theoretischen Belastbarkeit um den Faktor 3 (ggf. bis 6).

Die Zuglasten durch die Ballons entstehen einmal aufgrund des Auftriebsüberschusses. Und wie gesagt durch Windlasten. Diese betragen bei Windgeschwindigkeiten von 200 km/h und Ballondurchmesser von 100 m = 80 t oder 10 kg/m² der Schattenfläche.

Mit diesen Stellgrößen muss das System in einen sicheren Bereich gebracht werden. Dem kommt ein Fakt entgegen. Der Winddruck auf das Seil (und die Ballons)[84] nimmt proportional zum Durchmesser zu, die Belastbarkeit der Seile wächst jedoch im Quadrat. Bei einer Verdopplung des Durchmessers (über 2 cm) steigt also die Windlast auf das Seil um das Zweifache, die Belastbarkeit jedoch um das Vierfache. Größe an sich wird zum Erfolgsfaktor.

Daher liegt auf der Hand, dass eine Installation eine bestimmte Mindestanzahl an Ballons benötigt, um den erforderlichen Auftrieb für die Kabellast bereitzustellen. Das wäre - unter der Annahme eines stetigen Winddrucks von 200 km/h auf die gesamte Seillänge von 15 km - ab 1.500 Ballons der Fall. Derartige Windgeschwindigkeiten treten jedoch nur als lokale Spitzen für kurze Zeit auf. Lokale Belastungen können wiederum aufgrund der Elastizität des Gesamtsystems abgefedert werden.[85]

Die Windlast von 80 t auf den Ballon bezieht sich auf ein Einzelexemplar. Im Flottenverband werden Abschattungseffekte (wie beim Radfahren) wirksam. Daher ist es plausibel, in einer ersten Annäherung davon auszugehen, dass die tatsächlichen Spitzenlasten bei einem Drittel der Höchstlasten liegen werden, die hier zunächst Grundlage der Berechnung waren. Damit würde sich die Mindestanzahl in einer Ballonflotte auf 500 reduzieren.

Stromnetz

Das Stromnetz muss auf die besonderen Bedingungen der Aufnahme niedriger Spannungen ausgelegt werden. Im Übrigen gelten soweit gegenwärtig erkennbar die Bedingungen, die für irdische Netze im Regelbetrieb gelten. Möglicherweise sind angesichts der niedrigen Temperaturen in 15 km Höhe Nutzungen des Supraleitungsphänomens realisierbar.[86] Ferner könnten dort Mikrowellen für horizontale

Verbindungen eingesetzt werden, möglicherweise auch für den vertikalen Transport. Jedenfalls zeichnen sich keine gewichtigen Engpassfaktoren ab.

Atmosphärische Verhältnisse

Die Höhe von 13 bis 14 km ist aufgrund der atmosphärischen Bedingungen sehr günstig. Bei einer Luftdichte von ca. 0,2 bis 0,15 herrschen generell gleichmäßige Windströmungen aus der Richtung West von ca. 30 km/h vor. Vereinzelt können Spitzen bis zu 200 km/h auftreten. Es gibt jedoch, auch bei den sehr hohen Windgeschwindigkeiten, keinerlei Turbulenzen. Ebenso sind (in unseren Breiten) Vertikalströmungen zu vernachlässigen. Einige Wochen im Jahr schwenkt der Wind um und kommt aus der Richtung Ost wie auch Nord. Angesichts des Klimawandels müssten die Bedingungen allerdings möglicherweise neu bewertet werden.

Zu beachten sind UV-Strahlung und Ozon. Ersteres kann durch technische Mittel abgefangen werden. Letzteres bleibt in dieser Höhe mit ca. 1 ppmv (Volumenmischungsverhältnis) noch unkritisch. In 30 km Höhe wird der 10fache Wert gemessen.

Zu klären sind Dichteschwankungen in dieser Höhe, ferner das Mischungsverhältnis von Stickstoff und Sauerstoff, mit Relevanz für den Auftrieb.

Durch Turbulenzen sind insbesondere die ersten 3.000 m über dem Erdboden geprägt. Deutlich höhere Spitzengeschwindigkeiten werden zwischen 10.000 bis 12.000 m erreicht (Jetstream, bis 500 km/h). Angesichts der dort bereits auf ein Viertel verringerten Dichte erscheinen die Verhältnisse in gegenwärtiger Sicht aber beherrschbar.

Das „Nadelöhr"

„Es ist leichter, dass ein Kamel durchs Nadelöhr gehe...", der Satz kann sicherlich als eines der bekanntesten Bibelzitate gelten.[87] Mit dieser Unmöglichkeit sollte eine andere, noch größere Unmöglichkeit unterstrichen werden. Derartige Gedanken waren vermutlich einigen Teilnehmern des Workshops im Jahr 2002 durch den Kopf gegangen, als sich ihnen die Dimension des Vorhabens erschlossen hatte. Tatsächlich wohnt ihm Größe und Komplexität inne, die ihresgleichen suchen. Allein die Anforderungen an die Ballons nötigten wohl angesichts des damaligen Standes der Technik einige Experten zum inneren Kopfschütteln.

Tatsächlich werden bereits deutlich größere Ballonhüllen zur Wetterbeobachtung eingesetzt. Nichtsdestoweniger stellt die **Ballonhülle** den neuralgischen Punkt des gesamten Konzepts dar. Sie hat eine Doppelfunktion zu erfüllen: Zum einen soll sie mit geringem Eigengewicht und langer Standzeit den Auftrieb des Systems gewährleisten. Zum anderen ist sie Träger des zentralen Anliegens der Energieerzeugung. Mit der Funktionsfähigkeit der Hülle steht und fällt das gesamte Projekt. Sie muss insbesondere folgenden Anforderungen gerecht werden:

- akzeptabler Wirkungsgrad
- ausreichende Standzeit
- systemverträgliches Gewicht
- Robustheit gegenüber Temperaturschwankungen
- Strahlungsresistenz
- Elastizität

Gegenüber dem einstmaligen Informationsstand stellen sich die Verhältnisse heute als wesentlich verbessert da.

Anderenfalls wäre das Konzept wohl nicht umzusetzen. Befand sich seinerzeit die organische **Dünnschichttechnologie** noch im "Embryonalzustand", existieren heute praxisrelevante Ansätze. Neben einer bereits länger im Einsatz befindlichen anorganischen Technologielinie (CIGS[88]) sind inzwischen auch organische Produkte am Markt verfügbar.

Gegenwärtig sind ein industriell darstellbarer Wirkungsgrad von 10 bis 17 Prozent sowie Standzeiten zwischen 5 bis 20 Jahren erreicht, allerdings mit einer hohen Altersdegradation.

Temperaturwechsel zwischen +/-60° C, also insgesamt 120°, können als unkritisch gelten.[89] Bis zu +60° C verhält sich organische Dünnschichttechnik gegenläufig zu den anorganischen Technologien. Steigt bei Letzteren der Wirkungsgrad mit abnehmender Temperatur, erzielen die organisch basierten Ansätze bei steigenden Temperaturen einen besseren Wirkungsgrad. Die Erwärmung der Hülle durch die Sonneneinstrahlung kommt also deren Gegebenheiten entgegen, sofern die +60-Grad-Grenze nicht überschritten wird.[90] Vorteile gegenüber den eingeführten Dickschichttechnologien liegen zudem in einer hohen Leistung auch bei suboptimalen Lichtverhältnissen und in einem geringen Wartungsaufwand.

Resistenz gegen **Strahlung** lässt sich, bereits praktiziert, mittels Filterfolien erreichen. Der bisherige Einsatz erfolgt allerdings auf dem Erdboden bzw. in geringer Höhe. In der Tropopause sind die Strahlungseinflüsse bereits deutlich höher.

Zur **Materialelastizität**: Die Hülle sollte allein schon aufgrund unterschiedlicher Druckverhältnisse in gewissem Maß verformbar, sowie dehnbar und schrumpfungstolerant sein, ohne elektrische und elektronische Funktionen zu beeinträchtigen. Beim konventionellen Start von Erdboden wird sie einem Schlauch gleichen und sich erst bei schrumpfendem Luftdruck der Ballonform annähern. Ein Hersteller bewirbt seine Folie damit, dass sie bis zu einem Radius von 10 cm biegsam sei, eine anderer, dass sie auf Rollen mit einem Querschnitt von 5 cm aufgewickelt werden könne[91]. => Kap. 3 *Der Ballon: Fertigung und Aufstieg]*

Der Blick auf die organischen Technologien zeigt, dass nicht zuletzt eine erhöhte Reinheit des Materials zur Verbesserung der **Standzeiten** geführt hat. Zudem existieren neben dem Polymerdruck[92] inzwischen weitere Verfahren. Beispielsweise können mittels Abscheidungsverfahren auf kostengünstige PET Folien im Besonderen durch verbesserte Prozesstechniken deutlich höhere Standzeiten erreicht werden. Sie werden inzwischen in Jahren gemessen. Das Gewicht pro m² wird vom Hersteller mit 1 kg angegeben und liegt damit nahe den Anforderungen. Durch niedrige Produktionskosten soll eine energetische Amortisierungszeit von weniger als 3 Monaten erreicht werden. Auch OLEDS werden inzwischen mit diesem Verfahren hergestellt.

Gegenüber der Siliziumtechnologie zeichnet sich moderne anorganische Dünnschichtphotovoltaik auf der Basis der CIS/CIGS-Technologien dadurch aus, dass sie ebenfalls dünn, leicht und biegsam sind. Gleichzeitig bieten sie den hohen Wirkungsgrad der Siliziumtechnik von annähernd 20 Prozent, sind aber hundertfach dünner. Zudem wird deren sehr hohe Prozesstemperatur in der Herstellung vermieden. CIGS-Elemente waren vor 20 Jahren in der Satellitentechnologie im Weltraum im Einsatz.[93] Besonderes Interesse gewinnt diese Tatsache dadurch, dass die Temperaturen in den Satellitenbahnen zwischen +130°/-130° mehrfach an einem Tag wechseln. Zudem ist die Strahlenbelastung deutlich höher als in der Tropopause. Die Gründe für den Rückzug lagen jedenfalls nicht bei diesen Faktoren.[94] Zudem stellen sich die Anforderungen in der Tropopause deutlich weniger kritisch dar. Allerdings ist Indium in seiner begrenzten Verfügbarkeit ein limitierender Faktor.

Weitere Möglichkeiten könnten sich mit einem Ansatz eröffnen, der sich noch im Forschungsstadium befindet. In einem Forschungsbericht des Max-Plank-Instituts für Polymerforschung aus dem Jahr 2016 wird über aufsehenerregende Fortschritte berichtet.[95] So wurden (im Labor) Wirkungsgrade um 20 Prozent erzielt. Dies mittels *„einer neuen Klasse dünner Filme, die auf Methylammonium-Bleihalogenid-Perowskiten[96] basieren"*. Sie zeichnen sich nicht zuletzt dadurch aus, dass sie bei niedrigen Temperaturen verarbeitet werden. Auf diese Weise können sie als Film auf Flächen aufgestrichen werden, was die Herstellung von Solarzellen wesentlich vereinfacht. Inzwischen wurden im Labor Wirkungsgradrekorde von über 25 Prozent erreicht.[97] Überdies gibt es immer noch ein hohes Entwicklungspotential. Ein kürzlich im Fraunhofer Institut ISE labormäßig erreichter Wirkungsgrad von zuvor nicht vorstellbaren 69 Prozent! lässt aufhorchen.[98]

Zudem arbeitet man daran, bestimmte Fertigungsprobleme zu überwinden. Eine Perspektive liegt darin, die Vorteile der organischen Technologie in Aufwand, Gewicht und Flexibilität mit den Vorzügen der anorganischen Technologie hinsichtlich Wirkungsgrads, Standzeit und Robustheit zu verbinden.

Im Übrigen sind Entwicklungen im Gange, die klassischen Eigenschaften von Keramik mit Elastizität zu verknüpfen. Unter anderem wurde aus China von einer glasartigen, leichten Kohlenstoffverbindung berichtet. Sie sei gleichermaßen hart wie Stein oder Keramik und elastisch wie ein Kunststoff. Der neue glasartige Kohlenstoff sei zudem elektrisch leitfähig.[99] Möglicherweise können diese Technologien für die gegebenen Anwendungen nützlich werden, etwa für elektrische Leiterbahnen in Bereichen, in denen Biegungs- und Dehnungsbeanspruchungen auftreten.

Ein unter wirtschaftlichem Aspekt wichtiger Faktor sind die **Standzeiten**. Bei anorganischen Systemen wie sie in der Satellitentechnik verwendet werden, liegt sie bei etwa 15 Jahren. Zudem sind diese in ihren Umlaufbahnen einer ungleich höheren Belastung durch kosmische Strahlung und UV-Strahlung ausgesetzt als Ballons in der Tropopause. Zu prüfen ist ferner, ob das Problem der elektrostatischen Aufladung durch Sonnenstürme, die das elektrische System der Photovoltaik durch Potenzialgefälle gefährden kann, auch in der Tropopause auftritt.

Die Stabilität des Systems auf der Basis des **Auftriebs,** den die Ballons liefern, ist ein weiterer zentraler Aspekt. Sämtliche Elemente, die nicht bodengestützt sind, müssen durch den Auftrieb in ihrer Höhenposition gehalten werden. Der gesamte Auftrieb beträgt bei 600.000 Ballons 63 Mill. t. Rechnet man 0,9 kg/m² für das Hüllmaterial, sind dies insgesamt 18,5 Mill. t. Zuzüglich 1.000 Meter Bandmaterial zur Entlastung der Hülle gegen Zugkräfte /"Exoskelett") à 2 kg/m pro Ballon = 2 Mill. t und einschließlich aller elektrischen Funktionen ergeben insgesamt ca. 21 Mill. t.

Bei vier Verbindungslinien der Ballons im Array[100] mit jeweils 400 Meter Länge ("Nabel" zu "Nabel") erfordern je Ballon (hälftig) 800/1000 m. Gerechnet mit 30 kg/m - Haltesystem und Stromtransport -, ergeben sich weitere 18 Mill. t. Erdverbindungen à 30 t/Ballon für 15 km Länge summieren sich zu 18 Mill. t.

Damit entstehen Auftriebserfordernisse in Höhe von 57 Millionen Tonnen (21+18+18 Mill.). Zuzüglich 5 Prozent Auftriebsüberschuss als Sicherheitsreserve ergibt sich ein Sollauftrieb von 60 Millionen Tonnen. Dem steht das Auftriebspotenzial in Höhe von 63 Mill. t gegenüber. Wunderbarer Weise deckt also der Gesamtauftrieb des Systems mit einer zusätzlichen Reserve ziemlich genau die ermittelten Anforderungen.[101]

Wurde die Hülle mit 0,9 mm Stärke angesetzt, genügen dem Deutschen Wetterdienstes DWD bei Ballons für den Stratosphäreneinsatz Hüllenstärken von weniger als 0,1 Millimeter. Winddichte Ballonseide wiegt 85 g/m^2.[102] Für 20 Jahre Standzeit müssen die Strato-Ballons gewiss deutlich stabiler ausgestattet sein. Andererseits sind sie geringeren Windbelastungen ausgesetzt.

Ob die Berechnungen einer Wirklichkeit entsprechen, ist zu prüfen. Jedenfalls sind damit Bezugsgrößen gegeben, innerhalb derer sich das Projekt bewegen muss, um realisierbar zu sein. Im Übrigen sind die Abstände zwischen den Ballons und deren Durchmesser Variablen, die Optimierung erlauben. All das ist berechenbar. Und es bieten sich verschiedene Stellschrauben an, wenn technikseitig irgendwo eine Engpasssituation entstehen sollte.

Somit liegt es *in der Luft*, dort *geht das Kamel durchs Nadelöhr*.

Der Ballon: Fertigung und Aufstieg

Nähert man sich der Umsetzung, gewinnt die Frage an Bedeutung, wie der Ballon gefertigt und in die Höhe transportiert wird. Letzteres erscheint, wenn auch nicht simpel, aber klar: Man lässt ihn an einem Führungsseil aufsteigen, um ihn dann in der Höhe zu positionieren.

Bei jedem anderen Fesselballon wäre dies kein Akt besonderer Betrachtung. Je nach den Druck- und Temperaturverhältnissen schrumpft oder dehnt sich die elastische Hülle. Hier haben wir jedoch eine Beschichtung mit Funktionen, die im Mikro- und Nanobereich liegen. Diese sind zudem nicht insular, sondern werden erst im Verbund der elektrischen Komponenten nutzbar. Lässt sich ein derartiges Gebilde nach Bedarf zusammenlegen und aufblasen wie einen Luftballon?

Ballons für hohe Luftschichten haben beim Start die Form einer faltigen Wurst. Lässt der Außendruck nach, gelangen sie allmählich zur Kugelform. Kann man das eingesetzte Material dieser Prozedur aussetzen?

Immerhin sind die Paneele, die für Photovoltaik im Weltraum eingesetzt werden, extremen Temperaturunterschieden ausgesetzt. Damit gehen zwangsläufig Dehnungs- und Schrumpfungsprozesse einher, denen offensichtlich erfolgreich begegnet wird. Allerdings handelt es sich dabei um starre Konstruktionen und nicht um Ballonstrukturen.

Das Dünnschichtmaterial wird für die Bodenverwendung auf Rollen ausgeliefert, dann auf ebenen Flächen montiert. Es ist also zumindest bis zu einem bestimmen Grad biegsam. Bei einem Ballonmaterial, das für einen Durchmesser von 100 Meter gehandhabt wird, wird man um ein Zusammenlegen nicht herumkommen. Es sei denn, man fertigt unmittelbar am Aufstiegsort. Wie aber kann man verhindern, dass sie als faltige "Würste" aufsteigen, sich ausdehnen und dabei möglicherweise zumindest das elektrische Leitungssystem brüchig wird?

In Gesprächen wurde ein Ansatz eingebracht, der das Dilemma überwinden kann. Man füllt die Ballons am Boden mit der Menge Wasserstoff, die dem Normaldruck entspricht, also mit ca. 523.000 m³. Mit abnehmendem Druck während des Aufstiegs lässt man allmählich den nunmehr überflüssigen Wasserstoff (im Umfang von schließlich 400.000 m³) ab und bewahrt während der gesamten Prozedur die Kugelendform.

Selbst wenn man einen industriellen Preis von 20 Cent/m³ unterstellt[103], wären damit 80.000 € buchstäblich in den Wind geblasen. Bei 600.000 Ballons wären es ca. 50 Mrd. €. Da sträubt sich jedes Budget. Nachdem die Idee aber einmal im Raum stand, löste sie weiteres Nachdenken aus. Und führte - falls die Notwendigkeit eines Kugelformtransportes gegeben sein wird - zu einem Ansatz, der die Kosten drastisch senken würde:

Man fügt in den Hauptballon einen weiteren Ballon ein, fachsprachlich als „Ballonett" bezeichnet. Gefüllt mit gewöhnlicher Luft, könnte der Ballon mit seiner Endfracht an Wasserstoff bereits vom Boden als Kugel aufsteigen. Im Verlauf des Aufstiegs entsteht ein Überdruck, woraufhin die Luft dem Zweitballon entweicht. Am Ziel angekommen, wird der für einen leichten Überdruck auf Zielhöhe portionierte Wasserstoff die verbleibende Luft hinausdrücken. Auf dem Ballonboden bleibt die leere Hülle zurück. Man könnte sie dort belassen oder mittels einer mobilen Schleuse entfernen. Dies, wenn das Gewicht - etwas mehr als Tonne pro Ballonett - zum Faktor hinsichtlich des Gesamtauftriebs gerät. Oder um der Wiederverwendung aus Kostengründen willen.

Die Folie des Zweitballons ist anspruchslos zu fertigen. Lediglich 0,05 bis 0,1 mm stark, braucht sie keinem besonderen Druckunterschied standhalten. Sie wird zudem ggf. nur geringe Zeit genutzt. Für einen Ballon werden ca. 20.000 bis 25.000m² benötigt, zu Kosten vom kaum mehr als 20 Cent/m². Das wäre ein Materialaufwand per Ballon von 5.000 bis 6.000 €. Einschließlich eines zweifachen Fertigungsaufwandes läge der Gesamtaufwand bei 15 bis 20 Tsd. Euro – auf das System gerechnet, vielleicht 1 bis 1,5 Prozent der Investition. Das erscheint vertretbar, wenn die Funktionsfähigkeit der Ballons nicht anders gesichert werden kann.

Noch einmal zurück zur Fertigung des Ballons. Möglicherweise ist es sinnvoll, ein Zweischritt-Verfahren anzuwenden. Zunächst wird die eigentliche Ballonhülle gefertigt und wie eben beschrieben aufgefüllt. Dann erst werden die photovoltaischen und elektrischen Funktionen - auf einem eigenen Substrat aufgebracht - als eine zweite Folie aufgeklebt. Auf diese Weise ließe sich eine mögliche Beeinträchtigung der Funktionalität durch Biege- oder Faltvorgänge während der Produktion und weiterer Handhabung vermeiden.

Eine neuartige Herausforderung stellt natürlich die Montage in 14 km Höhe dar. Immerhin ist die Luftdichte mit annähernd 0,2 bar hoch genug, dass die Siedetemperatur deutlich über der Körpertemperatur liegt. Daher muss nicht wie im Weltraum in Druckanzügen gearbeitet werden.

Das Gewicht

Ein neuralgischer Punkt eines jeden auftriebsabhängigen System ist das Gewicht der Komponenten. Es soll möglichst gering sein, bei gleichzeitiger Gewährleistung der Stabilität. Wie geschaffen für das Vorhaben haben inzwischen Materialien mit fantastisch anmutenden Qualitäten die Labore verlassen: Aerogele. Sie verbinden just diese beiden Qualitäten - Leichtigkeit und Stabilität - in bisher nicht vorstellbaren Dimensionen:

Quelle: Aerogel, Wikipedia

Der unscheinbare blaue Schatten unterhalb des 2,5 kg schweren Ziegelsteins ist ein Aerogel von 2 Gramm Gewicht. Es besteht zu 99,9% aus Luft und ist dennoch in der Lage, eine mehr als 1000fach schwerere Last zu tragen. Die Anwendungsmöglichkeiten derartiger Substanzen im Rahmen des Strato-Konzepts sind kaum abseh-

91

bar. Beispielsweise rücken völlig neue Konzepte einer starren Ballonhülle in Reichweite.

Das Netz

Für das Netzgitter gibt es verschiedene Strukturansätze, die sich in der Anordnung sowie in der Anzahl der Verbindungen unterscheiden.

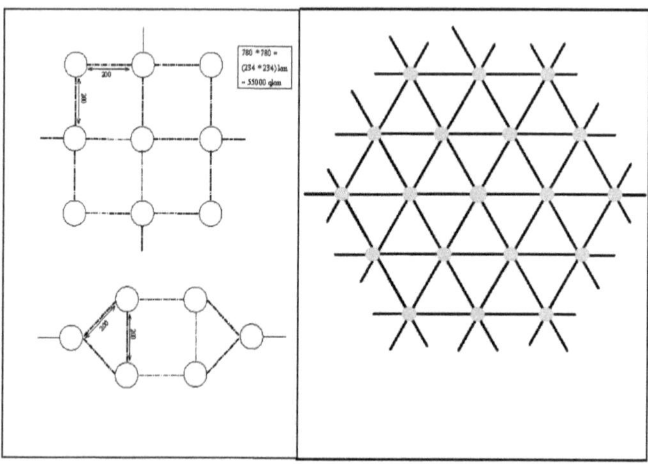

So kann die Widerstandkraft des Netzes bei hohen Windgeschwindigkeiten erhöht werden, allerdings um den Preis eines erhöhten Material- und Auftriebsaufwandes. Es gilt also abzuwägen. In der Praxis wird man anstelle der gradlinigen Anordnung eine Rautenform wählen, die eine Positionsverschiebung der Ballons in Ost-West-Richtung bietet. Dadurch weiten sich die Abstände, was den Ertrag bei tiefem Sonnenstand in den Tagesrandstunden erhöht.

Im Draufblick bleiben die Verbindungen der Ballons mit dem Netz verdeckt. Man könnte sich auch eine Netzverbindung auf dem "Dach" der Ballons vorstellen. Dadurch wäre die Stabilität bei Stürmen nochmals erhöht, allerdings um den Preis weiteren Material- und Auftriebsbedarfs.

Die zweite Ebene

Tagsüber ist die Versorgung zu 100% gesichert, doch was geschieht in der Nacht? Man könnte tagsüber einen Überschuss erzeugen und diesen zwischenspeichern, um die Rund-um-die-Uhr-Versorgung sicherzustellen. =>Anh. 4] Ein Weg ist die Umwandlung, etwa in Wasserstoff. Dabei entsteht ein Verlust von etwa 30%, ebenso bei der Rückwandlung. Annähernd 60% der Energie gehen also verloren. Batterien sind teuer, haben eine letztlich geringe Kapazität und können unter Nachhaltigkeitskriterien nicht erste Wahl sein.

Möglicherweise könnte ein gänzlich anderer Weg zur Lösung führen. Man erinnere sich an das Konzept des fliegenden Windkraftwerks. Es funktioniert vom Boden aus, hat jedoch verschiedene Nachteile und Schwächen. Bei Sturm muss es eingezogen werden. Mit eigenem Antrieb ausgestattet, verbraucht es einen beträchtlichen Teil des Energieertrages. Schließlich ist da noch die Gefahr des Blitzeinschlages bei Feuchtigkeit.

All das entfällt, wenn man das Windkraftwerk am Stratoenergienetz aufhängt und auf eine Höhe von sechs bis acht km herablässt. Dort gibt es gewöhnlich einen starken und konstanten Höhenwind. Und er weht auch nachts. In diesen Stunden ist der Energieverbrauch ohnehin geringer. Bei entsprechender Auslegung könnte man also 24 Stunden lang ohne Unterbrechung Strom liefern. Das gilt natürlich auch für den Tag, somit ließe sich die Zahl der

Ballons deutlich reduzieren. Andererseits wird für diese Applikationen wiederum Auftrieb benötigt. Somit wird es zu einer Rechenaufgabe; das Problem der nächtlichen Versorgung wäre damit jedenfalls elegant gelöst.

Allerdings befindet man sich damit im Bereich des Flugverkehrs. Man hat es also mit einer mehrfachen Optimierungsaufgabe zu tun, die komplex, aber lösbar ist.

Ein Punkt ist noch nicht angesprochen: Was geschieht bei Stürmen? Bodengestützte Systeme müssen herab geholt werden, anderenfalls ist das Zerstörungsrisiko sehr hoch. Hier sind die Verhältnisse aber anders. Die Anlagen werden auf dieser Ebene wiederum vernetzt, sodass eine Mehrfachsicherung gegeben ist. Die Aufhängungen sind elastisch. Im Übrigen haben lange Seile wie bereits erwähnt den Effekt, Schwingungsenergie durch Umwandlung in Wärme zu verzehren. Letztlich wird man erproben müssen, was möglich ist. Jedenfalls ist mit dem Stratoenergie-Konzept dank Kombination der beiden stromerzeugenden Systeme ein Ansatz zur finalen Lösung der Energiefrage in Reichweite. Im Prinzip kann für jegliche stationäre und netzgebundene mobile Anwendungen bei Tag und Nacht, in Sommer und Winter eine vollständige direkte Stromversorgung gesichert werden.

Entwicklungschancen und Risiken

Perspektiven liegen

> - in der Formgebung und in der räumlichen Anordnung der Ballons (Optimierung im Hinblick auf CW-Werte (Strömungswiderstand)),
> - im Wirkungsgrad der Photovoltaik,
> - in den speziellen Qualitäten und in der Belastbarkeit der Materialien, im Besonderen der Hülle.

> ➤ in den Fertigungskosten der Materialien,
> ➤ in der Haltbarkeit/Standzeiten der Materialien.

Seit der ersten Betrachtung des Themas vor 20 Jahren ist der Wirkungsgrad der Silizium-FV wie auch der Dünnschicht-FV um mehr als 50 Prozent gestiegen. Es gibt keinen Grund, nicht von weiteren Steigerungen auszugehen, auch im Bereich der Dünnschichttechnologien.

Andererseits wird man sich mit Risiken auseinandersetzen müssen, die verknüpft sind mit

> ➤ Wasserstoff als Füllgas
> ➤ Materialermüdung
> ➤ extremen Turbulenzen
> ➤ Flugverkehr
> ➤ Meteor-/Trümmereinschlag
> ➤ Strahlung
> ➤ Sabotage.

Wasserstoff als Füllmaterial wird gewöhnlich als kritisch betrachtet. In der Tat entzündet sich Wasserstoff in einer entsprechenden Sauerstoffumgebung spontan bereits bei Temperaturen um 30° C. Dann brennt das Gas wie andere Gase. Explosiv ist Wasserstoff lediglich in geschlossenen Räumen, wenn eine Konzentration in der Luft von 4% erreicht wird. Dann kommt es zu einer Verpuffung. Es ist zu erwarten, dass aufgrund der sehr niedrigen Temperaturen und der geringen Sauerstoffdichte in 15 km Höhe die Risiken zu vernachlässigen sind.

Die Rückhalteproblematik ist geringer als bei Helium, weil das Wasserstoffatom größer als das Heliumatom ist. Zudem lässt sich durch Beimengungen eine Diffusion verringern. Das geht allerdings zulasten die Auftriebskraft.

Entscheidende Faktoren sind Verfügbarkeit und Preis.

Wasserstoff ist um Größenordnungen preiswerter als Helium und zudem beispielsweise aus Erdgas oder durch Elektrolyse praktisch in jeder gewünschten Menge zu gewinnen. Helium ist hingegen nur in begrenzten Mengen verfügbar. Dennoch sind die Preise für Wasserstoff von ehemals 20 Pfennig/m³ auf 90 Cent/ m³ (Consumer-Preis) angestiegen. Der Grund liegt entscheidend in der Preisentwicklung des Erdgases.

In dem Maße, wie sich Stratoenergie als Ablösetechnologie erweist, wird allerdings auf fossile Brennstoffe ein Preisdruck wirksam, sodass das System gewissermaßen qua eigenen Erfolg seine Realisierungschancen verbessert. Unter dem Nachhaltigkeitsaspekt ist allerdings die teurere Elektrolyse vorzuziehen. Es sei denn, man betreibt sie in Größenordnungen, wie sie heute die größten Industrien erreicht haben. Angesichts der benötigten Mengen ist das eine durchaus realistische Perspektive

Gegen *Materialermüdung* in kritischen Anwendungssituationen sichert man sich üblicherweise durch Redundanz und durch einen Regelaustausch in festen Intervallen, deutlich vor Ablauf der Regelstandzeit. Das berührt generell die Wartung.

Turbulenzen sind gewöhnlich Folge des Aufeinandertreffens von horizontalen und vertikalen Strömungen. In unseren Breiten gibt es in der Tropopause faktisch keine vertikalen Strömungen. Die Luftverhältnisse sind im Gegenteil nirgendwo günstiger als dort.

Im Hinblick auf Interessenkollisionen mit dem *Flugverkehr* gibt es eine gute Nachricht: Zwar erfolgen über dem deutschen Territorium täglich um zehntausend Flüge, die sich über den gesamten Luftraum verteilen. Der Himmel ist jedoch oberhalb von 13.000 Metern frei. Zwar gibt es eine Vielzahl von Überflugeinschränkungen - Atomkraftwerke, sensible Industriestandorte, militärisches Gelände. Die meisten sind aber, abhängig vom Risikopotenzial, auf wenige hundert oder auf tausend Meter beschränkt. In Deutschland sind lediglich zwei militärische Einrichtungen durch ein Überflugverbot bis 40.000 Fuß Höhe geschützt. Letztere müssen zahlreicher werden, etwa um zwei oder drei Dutzend Positionen.

Die *Strahlunbelastung* ist, wie Flugbesatzungen wissen, höher als am Boden, aber auch niedriger als auf den Satellitenbahnen in 400 km Höhe Schutzbeschichtungen im Mikrometerbereich können empfindliche Technologien vor Schäden schützen. Da die Gewichtsproblematik bei der Leichter-als-Luft-Technologie nicht so kritisch wie beim Fliegen ist, können auch für die Menschen wirksame Schutzmaßnahmen getroffen werden.

Gegen *Meteoriteneinschlag und Sabotage* kann man sich nur durch Auftriebsüberschuss und eine Mehrfachvernetzung, also Redundanz schützen, was verhindert, dass ein lokales Problem zur Systemkatastrophe wird. Letztlich stellen sich Akzeptanzfragen. So sind etwa folgende Bedenken zu erwarten:

> ➢ Kann uns das Ganze auf den Kopf fallen?
> ➢ Wird es nicht zu teuer?
> ➢ Wachsen die Pflanzen noch, wenn ihnen Sonnenlicht weggenommen wird?
> ➢ Gibt es negative Auswirkungen auf das Klima?
> ➢ Was sagen benachbarte Länder?

Im Weiteren werden sich für den einen oder anderen Aspekt verblüffend einfache Lösungen zeigen.

Auf Probleme gänzlich anderer Art machte der zuvor

zitierte Beitrag aus dem Jahr 2016 von Paul Blom, MPG, aufmerksam. In dem Bericht wird das Fehlen notwendiger Fachkenntnisse in der Verknüpfung von Physik, Chemie und Technik im Solarzellensegment in den zumeist mittelständischen Unternehmen bemängelt, die sich mit diesen Technologien auseinandersetzen. Eine Schwerpunktsetzung öffentlicher Förderung könnte also zu einem Technologiesprung führen, der nicht zuletzt dem hier vorgestellten Ansatz einen zusätzlichen Schub verleihen würde.

Der „Turm"

Unterstellen wir, dass man sich entschließt,

- zunächst die Machbarkeit dieser avantgardistischen Idee zu prüfen,
- falls man zu einem positiven Ergebnis gelangt ist, Entwicklungen anzustoßen und Erprobungen durchzuführen,
- schließlich das Wagnis eingeht, das Konzept zur Infrastruktur auszubauen,

dann stellt sich die Frage: Wie macht man das? Aus Tiefseeprojekten gibt es Erfahrungen zur Arbeit in lebensfeindlichen Verhältnissen, die es erlauben, eine Vorstellung zu Aufwand und Risiko zu entwickeln. Allerdings ist der Unter-Wasser-Arbeitsplatz leichter erreichbar als die Stratosphäre. Zudem müssen spezielle Techniken entwickelt werden, die dort oben das Arbeiten ermöglichen. Anders als in der Raumfahrt arbeitet man unter Schwerkraftbedingungen, zudem gibt es noch einen Außendruck. Nach bisherigen Erfahrungen ist das in Manchem ein Vorteil.

Die Beherrschung des stratosphärischen Raumes verlangt neue Techniken. Diesen exzeptionellen Aufwand mag man einmal für die Errichtung leisten. Wie steht es jedoch mit dem Regelbetrieb? Die Wartung wird unter nüchterner Wahrnehmung der Randbedingungen zu einer enormen Herausforderung, nicht zuletzt, weil alles aufwändig herangeschafft werden und zudem ein ausreichender Strahlungsschutz gegeben sein muss.

Eine Idee wäre, die Verbindungsseile gleichzeitig für ein Fahrstuhlsystem zu nutzen und in der Höhe eine ballongetragene Arbeitsplattform einzurichten.

Avantgardistischer wäre der Bau eines "Turms" bis zur Höhe der Ballons. Eine Gipfelplattform kann als Ausgangpunkt für die notwendigen technologischen und organisatorischen Anforderungen zum Aufbau und zur Pflege des Systems dienen. Doch wie soll das angehen, wurde doch soeben festgestellt, dass keine gegenwärtige Vorstellung des Bauens die Realisierung eines solchen Bauwerks gestattet?

Dann gilt es, sich von herkömmlichen Vorstellungen zu lösen, dass Bauten kompakte Massen sind oder filigrane Kompositionen aus Stahl wie Masten und Brücken. Man nehme ein Gelände mit einem Durchmesser von ca. 200 bis 600 Metern, errichte darauf einen „Turm“, der, getragen von Wasserstoffkammern, zudem gehalten wird durch Auftriebskörper in der Höhe. Dann spanne man diesen Turm jeweils nach hundert Metern (oder ein Mehrfaches dessen) ab, um ihn stand- und sturmstabil zu machen.

Dieser "Turm" könnte in mehrfacher Hinsicht, unter anderem durch Ausnutzung der Luftströmungen, selbst zum Energielieferanten werden. In seiner ersten Funktion aber dient er dem Betrieb von Fahrstühlen und dem Stromtransport. Die Fahrstühle sind in einem durchgehenden "Rohr" (leicht, stabil,) mit einem Durchmesser von vielleicht 20 Metern untergebracht. Umschlossen von den

„Wasserstoffwänden", verhindert deren Auftriebskraft „kaltes Fließen". Dank der Plattform an der Spitze ist eine stete Präsenz möglich. Materialien können gelagert werden und man kann von dort aus agieren.

Das Ganze ist durchaus spektakulär. Es ist daher müßig, an dieser Stelle Argumente zur Machbarkeit anzuführen (obwohl gegenwärtig nicht erkennbar ist, was daran unmöglich wäre). Nur so viel: Der Durchmesser wird insbesondere durch die erforderliche Auftriebskraft bestimmt. Je stabiler das Gebilde sein soll, desto mehr Gewicht und umso größer der Durchmesser der Auftriebspolster. Auch hier gilt: Die Windkräfte nehmen proportional zur Aufprallfläche zu, die Belastbarkeit dank des Volumenwachstums zum Quadrat.

Sollten derart riesige, wasserstoffgefüllte Körper in niedriger Höhe als zu riskant gelten, kann man mit deren Einsatz in einer Höhe von etwa 3 km beginnen. Dort ist die Luft bereits dünner und gewöhnlich unter null Grad kalt. Eine Selbstentzündung bei einem Entweichen (bei etwa 30° C) ist damit ein Riegel vorgeschoben.

Kann ein solches Gebilde heftigen Stürmen widerstehen? Eine spannende Frage, die nicht ohne weiteres zu beantworten ist. Jedenfalls war ein wichtiger Lerneffekt des Workshops im Jahr 2002, dass sehr lange asymmetrische Seilsysteme auf Windattacken ziemlich gutmütig reagieren. Sie nehmen die Kräfte auf und pendeln sie aus, während sie allmählich in Wärme umgewandelt werden. Man muss es erproben!

4. Neuordnung

Die Herausforderungen sind angesichts der gewaltigen Dimensionen auch einem technischen Denken nicht geläufig. Rechnet man heute mit einem Wirkungsgrad von 20 Prozent, ist die Zahl der Ballons aber schon auf 600.000 geschrumpft. Allerdings ist die Degradation, die Abnahme des Wirkungsgrades durch Alterung, zu berücksichtigen.

In der Realität wird man sich nicht von einer einzigen Energiequelle abhängig machen. Im Grunde lebten wir lange in komfortablen Verhältnissen. Heute sind allerdings die ökologischen und Versorgungssicherheitsprobleme mehr evident denn je. Der Endlichkeit der fossilen Quellen wird künftig hoffentlich keine Bedeutung zukommen.

Eine Zwei-Drittel-Versorgung aus Stratoenergie ließe sich durch einen Mix nachhaltiger Quellen (Photovoltaik, Windenergie, Geothermie etc.) auf eigenem Boden ergänzen. Man wird also um der Versorgungssicherheit willen die Last auf mehrere Schultern verteilen. Die autarke Vollversorgung mit nachhaltiger Energie wäre damit in jedem Fall gesichert. Zudem sind die Dimensionen des Projekts um ein weiteres Drittel geschrumpft. Somit reduziert sich die Ballonzahl schließlich auf < 500.000.

Dann gibt es noch die „schwebenden Windkraftwerke" als weiteres Ballonsparpotenzial. (Allerdings muss dafür Auftrieb - also Ballons - zur Verfügung stehen.)

Im Weiteren ist ein durchaus relevanter Bereich bisher nicht beleuchtet. Wie hoch ist eigentlich der tatsächliche Energieeinsatz im Endverbrauch? Der Primärenergieeinsatz[104] belief sich im Jahr 2019 auf 3,56 Billionen kWh bzw. 3,56 Millionen Gigawattstunden. Haushalte und Wirtschaftssegmente verbrauchten etwa 72%, also ca. 2,6 Mill. GWh.[105] Der Rest von etwa 28 Prozent entfiel auf die Energiewirtschaft selbst bzw. auf Umwandlungsverluste der Primärenergie in Endverbrauchsenergie. Das erinnert an den gigantischen Wasserverbrauch der Atomwirtschaft.

Der Erstellungsverlust im Stratoenergiesektor dürfte dramatisch niedriger sein. Daher kann man von weiteren Reduktionspotenzialen ausgehen. Zusammen mit den bereits genannten Einsparmöglichkeiten verringert sich der Investitionsbedarf beträchtlich. Damit ist auch der Stoff für ökonomische Skepsis geschrumpft.

Diese Sicht stößt auf Kritik. Wird doch unterstellt, dass der künftige Gesamtverbrauch der Sektoren mit dem bisherigen vergleichbar wäre, also 2,6 Mill. GWh zu substituieren wären. Das sehen andere anders.

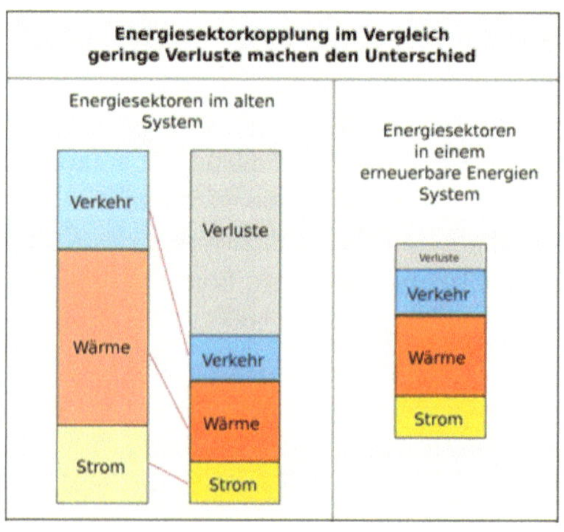

https://www.facebook.com/photo?fbid=884073752123637&set=gm.4727287603977954

Es wird argumentiert, dass allein im Verkehr bei einer durchgehenden Umstellung auf Strom gewaltige Einsparungen zu erreichen sind. Tatsächlich verbrauchen PKWs auf Strombasis für eine Wegstrecke von 100 km etwa 15 kWh. Mit Benzin betrieben, sind es 5,5 Liter, entsprechend 48 kWh.[106] Damit wäre sogar ein Minderverbrauch von zwei Dritteln erreichbar.

Letztendlich entsteht das obige Bild drastischer Verbrauchsrückgänge, verbunden mit dem Anliegen, eine Vollversorgung zu sichern. Nachweise werden nicht vorgelegt. Zweifellos sind aber durch Substitution von Erdöl durch Strom im Verkehr erhebliche Effizienzsteigerungen zu erreichen. Ob derartige Einsparpotenziale in einer spezifischen Verwendungssituation tatsächlich real werden, sei allerdings dahingestellt. Bisher zeigen Erfahrungen stets, dass Effizienzgewinne zur Ausweitung des Verbrauchs führen, so dass Reduktionschancen vertan sind. Andererseits liegt darin weiteres Potenzial für eine Größenreduktion des Projekts und ist damit willkommen.[107]

Die europäische Dimension

Energie sollte möglichst nah beim Verbraucher erzeugt werden. Damit hatten die Atomkraftbefürworter für die süddeutschen Standorte geworben und die Ferne der Offshore-Windkraftanlagen kritisiert.

Folgt man diesem durchaus vernünftigen Grundgedanken, wäre das System in der Mitte Deutschlands zu etablieren, sodass kurze Verbindungen in alle Richtungen gegeben wären. Allerdings ist absehbar, dass noch vor dem ersten Spatenstich eine Flut von Bedenken über die gute Absicht hereinbrechen wird: Störungen des Flugverkehrs, Abschattung, Absturzgefahr… Möglicherweise würde die Praxis die Bedenken weitgehend ausräumen, möglicherweise bliebe das eine oder andere Problem bestehen.

Fast allen Bedenken ließe sich ausweichen, indem man einen weiteren kühnen Gedanken spinnt und der Frage nachgeht, wo die geringsten Belästigungen zu erwarten sind. Mit einem Blick auf die Landkarte Mitteleuropas springt die Lösung ins Auge: über der Ostsee! Insgesamt 412.000 km² groß, bietet sie Ansatzpunkte für verschiedene Konzepte.

Eine Drei-Staaten-Lösung (Deutschland, Dänemark, Schweden) würde einschließlich einer geringen Landüberdeckung mit 100.000 km² Ausdehnung alle Wünsche erfüllen. Durch Erweiterung um Finnland sowie die Staaten des Baltikums und Polen ließen sich mit gut einer Million Ballons für Nordeuropa und Teile Mitteleuropas alle Energieprobleme ein für alle Mal lösen.

Großbritannien, Frankreich, Belgien und die Niederlande könnten das Gleiche über dem Ärmelkanal tun. Darüber hinaus hat die Vorstellungskraft freien Lauf.

In Deutschland wären einige Standorte an der Ostseeküste einbezogen, zudem Flächen in Norddeutschland (für Haltestrukturen). Für die Ostsee, deren Ökosystem durch die Erwärmung und den geringen Wasseraustausch mit dem Atlantik strapaziert ist, wäre dies ein Segen. Schwächere Erwärmung verringert Algen- und Sauerstoffprobleme.

Im Übrigen dürften nach den Erfahrungen der Sommer 2018 bis 2022 auch Mecklenburg-Vorpommern und Brandenburg für eine Überdeckung dankbar sein. Die Austrocknung wird gemindert. Zudem wird eine Abkühlung im Vergleich zur Umgebung den Luftaustausch anregen und Regenwolken heranführen. Wie versorgt man nun andere Regionen Deutschlands mit Strom? Ballongestützte Trassen führen in 14 km Höhe den Strom zu dezentralen Verteilstellen. Dort wird die Energie zu Boden geführt. Akzeptanzproblemen wegen Erdleitungen wird so der Boden entzogen.

5. Wider die „Heißzeit": Der GIGA-Plan

Substitution mittels Stratoenergie ist eine realistische Strategie gegen den Klimawandel. Damit ist allerdings nicht allen Erfordernissen entsprochen. Andererseits sind mit der Stratoenergie die Möglichkeiten der LaL-Technologie nicht ausgeschöpft.

CO_2 — vom Zentrum in die "Chorus Line"

Greta Thunberg hat gute Gründe, wenn sie zur Panik aufruft. Demgegenüber sind die von Fridays-for-Future vorgetragenen Forderungen nach rascher Umsetzung des Pariser Klimaabkommens von 2015 zwar sinnvoll, jedoch greift eine CO_2-Reduktion für sich zu kurz.

Treibhausgase (100 Einheiten)			
CO₂ (70%)		Methan	Andere
Kultur db	Natur ub	db/ub	db/ndb/ub
56%	14%	17%	13%
db = 67 E		**ndb/ub = 33 E**	

db = direkt beeinflussbar   ndb = nicht direkt beinflussbar   ub = unbeeinflussbar

Danach würde CO_2 weltbezogen mit ca. 70% zum Klimagasproblem beitragen, davon werden 20% wesentlich durch Waldbrände freigesetzt. 30% verteilen sich auf annähernd ein Dutzend anderer Gase, vor allem Methan[108] ist kritisch. Letztlich sind etwa 33% des Problems mit einer CO_2-Reduktion nicht zu erreichen. Zudem wächst der Bestand jährlich um weitere annähernd 40 Gt CO_2-Emissionen. Allerdings ist diese Sicht unvollständig. Allein der aus der Verdunstung in die Atmosphäre gelangende Wasserstoff macht zwei Drittel der Klimagase aus.[109]

Treibhausgase
Wasserdampf: ndb 200 E **(67%)**
db = 67 E **(22%)**   ndb/ub = 33 E **(11%)**

Die direkt beeinflussbaren Treibhausgase haben nunmehr an der Gesamtmenge einen Anteil von allenfalls 25 Prozent. Das Problem ist mit den bisher favorisierten Methoden nicht zu bewältigen. Zwar mag die CO_2-Zunahme einen Startimpuls für eine stärkere Verdampfung vermitteln. Rasch rücken dann aber Eigendynamiken in den Blick.

Damit ist die Relativierung des CO_2 noch nicht abgeschlossen. Wenn zwischen den Emissionen aus fossilen Brennstoffen und Temperatur ein Kausalzusammenhang besteht, müsste eine mehr oder weniger parallele Entwicklung beider Größen in der Zeit erfolgen[110].

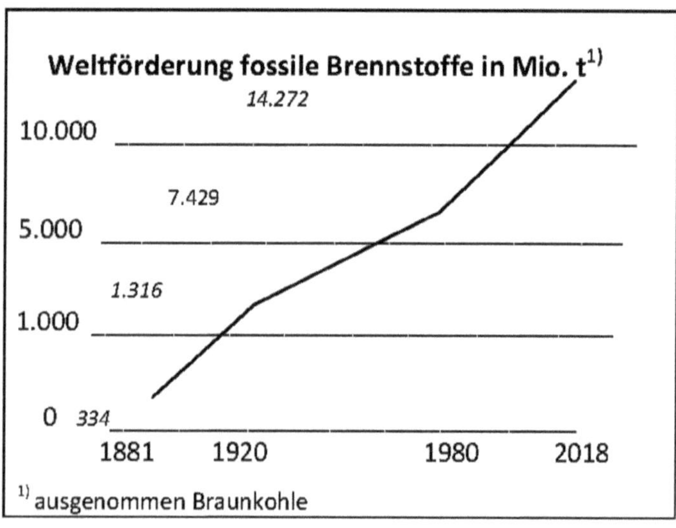

Die Verwertung der Brennstoffe führt zu Emissionen,
die sich im CO_2-Gehalt der Atmosphäre niederschlagen
und schließlich zur Temperaturerhöhung führen. Das
wäre die zu erwartende Kausalkette. Kontinuierliche Auf-
zeichnungen zum CO_2-Gehalt existieren in Gestalt der
berühmten Keeling-Kurve erst seit 1958. Es gibt aber aus
dem 19. Jhd. verwertbare Daten, die eine grobe Sicht auf
die Entwicklung erlauben. Somit sind, die Erde betref-
fend, folgende Wachstumsverhältnisse für den Zeitraum
von 1881 bis 1980 zu verzeichnen:

	1881	1980	Steigerung
Fossile Brenn-stoffe in Mill. t	340	7430	2.200 %
ppm (CO_2)	290	340	17 %
Temperatur in K	286,75°	287°	0,09 %

Ein Korrelationsfaktor von 0,6 legt einen ursächlichen
Zusammenhang zwischen CO_2 und Temperatur nahe.
Dieser ist allerdings noch gering und nicht proportional
gekoppelt. Das lässt viel Raum für weitere Betrachtungen.
So könnten CO_2-Senken einen Teil der Emissionen über
längere Zeit aufgenommen haben. Seit 1980 ist dann eine
hohe Dynamik zu beobachten, die zu den Besorgnissen
um den Klimawandel geführt hatten

	1881	2019	Steigerung
Fossile Brenn-stoffe in Mill. t/a	340	14.300	4.200 %
ppm[1] (CO_2)	290	415	43 %
Temperatur in K	286,75° +13,6° C	288,1° (+15° C)	0,5 %

[1] parts per million.

Der CO_2-Anteil ist gegenüber 1980 um das $2^1/_2$fache gestiegen, die Temperatursteigerung, zuvor um 0,09% in 100 Jahren, nunmehr in knapp 40 Jahren jedoch um das Sechsfache. Das legt die Vermutung nahe, dass es weitere Faktoren gibt, die erst dann ins Spiel gekommen waren und zur Beschleunigung beigetragen haben. So etwa das seit den 1970er in Erscheinung getretene Ozonloch.

Zuvor ist jedoch der Blick auf eine deutsche Sonderentwicklung interessant. Zwar existieren nicht zuletzt wegen historischer Brüche keine durchgehenden Zeitreihen der Energiebilanzen. Dem Status eines großen Industrielandes entsprechend, ist aber die Steigerung vorliegendem Material zufolge mit der weltweiten vergleichbar – also ein Wachstum um das Sechsfache zwischen 1920 und 1980.[111] Wie hat sich demgegenüber die Temperatur entwickelt?

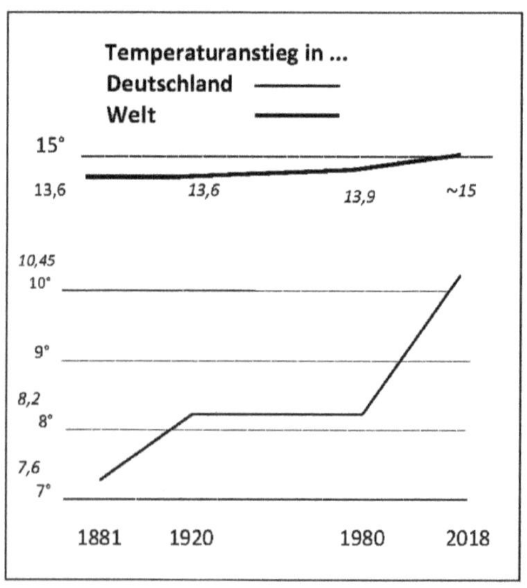

Abweichend von der Welttemperatur stieg sie von 1881 bis 1920 in Deutschland zunächst von 7,6° C abgeschwächt analog zur Förderung der Brennstoffe auf 8,2° C. Dann verharrt sie 60 Jahre auf diesem Niveau, trotz der Vervielfachung des Einsatzes fossiler Brennstoffe in Deutschland wie auch weltweit in diesem Zeitraum.[112] Somit erscheinen CO_2-Emissionen und Temperatur, die in Deutschland von 1880 bis 1920 zunächst eine gleichsinnige Entwicklung genommen hatten, über Jahrzehnte entkoppelt: CO_2 war ohne erkennbare Wirkung geblieben. Daher drängt sich auf, nach weiteren Klimafaktoren Ausschau zu halten.

Bedrohungen der Klimastabilität

1. CO_2,
2. Wärmefreisetzung durch Verbrennung,
3. Andere gering/nicht beeinflussbare Treibhausgase sowie anthropogene Verdampfung/Verdunstung
4. „Zivilisationswuchern", insbesondere Umwandlung von Naturräumen in Nutzräume und -flächen sowie Übernutzung von Grundwasser

Die Items 1 und 2 sind mittels Substitution fossiler Brennstoffe durch Stratoenergie auszuschalten, jedenfalls im Hinblick auf weitere Emissionen.

Anders steht es mit Wasserdampf aus Erwärmung (3.). Zwar behauptet die Klimaforschung, dass *anthropogene Wasserdampfemissionen durch Bewässerung oder Kraftwerkskühlung einen vernachlässigbaren Einfluss auf das globale Klima (haben).*[113] Als ein Grund wird genannt: *„Die übliche Verweildauer von Wasserdampf in der Atmosphäre beträgt zehn Tage."* Zudem heißt es: *„Der Fluss von Wasserdampf in die Atmosphäre aus anthropogenen Quellen ist um einiges geringer als aus*

Tatsächlich? Jährlich werden vom Menschen ca. 4.000 km³ Wasser den Kreisläufen entnommen. Also 4 Billionen Tonnen. Unterstellt, dass davon 3 Prozent aufgrund von Erhitzung verdunsten – durch Kochen, Waschen, Duschen, Geschirrspülen, Mikrowelle, Kühlwasser in der Stromerzeugung, industrielle Nutzung etc. – handelt es sich um 120 Mrd. t/a. Mit dem Faktor 0,4 in CO_2-Äquivalenz umgerechnet, sind es 48 Mrd. t/a. Also mehr als der Ausstoß von CO_2 von 40 Mrd. t/a. Der Vergleich ist allerdings wegen unterschiedlicher Verweildauern in der Atmosphäre angreifbar. Das gilt aber bereits für die apodiktische Festlegung von 10 Tagen beim Wasserdampf. => Anhang 5: Verdunstung und Kondensation]

Die weltweite Wasserverwendung ist in den letzten 100 Jahren um mehr als das Sechsfache gestiegen. Gleichzeitig wurde mit der Temperatursteigerung über den Landmassen die Aufnahmefähigkeit der Luft erhöht und zudem das Kondensierungsvolumen verringert. Gewiss schlägt CO_2 in der Gesamtrechnung stärker zu Buche. Nichtsdestoweniger ist anthropogen verursachte Verdunstung ein völlig eigenständiger Faktor in der Klimadynamik mit eigenem Gewicht. Dessen Vernachlässigung mit dem Hinweis auf eine kurze Verweildauer erscheint daher fragwürdig.

Item 4 ist ebenfalls anthropogen und beruht wesentlich in der enormen Bevölkerungszunahme in den letzten zwei Jahrhunderten[114] sowie in der Verbesserung der Lebensbedingungen. => Anh. 8: Das „Durchschnitt-Dilemma"] Eine Rezeptur gibt es nicht. Verzichtappelle - Reduktion um Faktor 4 bis Faktor 10 - bleiben außerhalb ethisch motivierter Randgruppen seit Jahrzehnten weitgehend unwirksam und können daher nicht in einer verlässlichen Zukunftsplanung berücksichtigt werden.

Ein abschließendes Wort zu CO_2: Im Zuge der Industrialisierung hat sich die in der Atmosphäre vorhandene Menge des Kohlenstoffs von 600 auf 900 Gigatonnen (Mrd. t) erhöht =>Anh. 2,3][115]. Selbst einem völligen Emissionsverzicht bleiben die gegebenen Verhältnisse davon angesichts schrumpfenden Resorbtionsvermögens zunächst kaum berührt. Chemisch betrachtet, kann es Jahrhunderte währen, bis sich ein nennenswerter Abbau vollzieht.[116] Mit weiteren Emissionen wird sich wohl der Temperaturanstieg beschleunigen. Es gibt zudem keinen Hinweis darauf, dass er sich bei gegebenem Stand nicht weiter erhöhen wird, eben nur langsamer.

Daher die Idee, das CO_2 im (Meeres-)Boden zu verpressen. Also mehr als 1 Billionen CO_2 aus der Atmosphäre zu filtern, zu komprimieren und zu verpressen, um die vormaligen Klimaverhältnisse herzustellen. Vermutlich müsste die Erdölförderung um ein Drittel gesteigert werden, um die erforderliche Energie bereitstellen zu können.

In alldem sind exogene Faktoren wie erhöhte Energieeinstrahlung noch gar nicht betrachtet worden.

Die drei Stufen

Energie unter den Aspekten von Nachhaltigkeit und Versorgungssicherheit hatte einst die vorgelegten technologischen Überlegungen angestoßen. Diesem Anliegen könnte nach heutigem Stand mit dem Strato-Konzept Rechnung getragen werden. Durch die sich anbahnende Klimakatastrophe haben sich jedoch die Herausforderungen erweitert und nötigen zu zwei Aktionsansätzen:

111

a) mittels „Stratoenergie" als Substitutionstechnik die Emission von Klimagasen stoppen und insbesondere den Anstieg von CO_2 zu bremsen. Aufgrund des geringen Anteils direkter Einwirkung (25%) und der erst langzeitlich wirksamen Dämpfung bleibt diese Option im Hinblick auf die Größe des Problems aber unzureichend. Zwar entfällt gleichzeitig die bei der Verbrennung fossiler Substanzen entstehende Wärme, doch werden die Verhältnisse dadurch nicht entscheidend verändert.

b) die Einstrahlung von Energie verringern. Diese Option wirkt unmittelbar, ist aber mit extrem hohem Aufwand verbunden. Prinzipiell besteht sogar die Möglichkeit, den bereits vollzogenen Temperaturanstieg rückgängig zu machen.

Das "Portfolio", nunmehr erweitert:

1. Stufe: reaktiv => Substitution fossiler und atomarer Energieträger mittels Stratoenergie,

2. Stufe: proaktiv => Verringerung der Einstrahlung in die Troposphäre und auf die Erdoberfläche.

Schließlich eröffnet sich für die fernere Zukunft eine weitere Option.

3. Stufe: progressiv => Dimensionserweiterung.

Stratoenergie ist Thema des **ersten Aktes** eines Dramas, das vom Widerstand gegen die aufkommende Katastrophe handelt. Es ist eine in vielem unverzichtbare, aber der Klimaentwicklung nacheilende Strategie. Denn zunächst ändert selbst eine umgehende Realisierung nichts an der bis dahin vollzogenen Anreicherung der Atmosphäre mit "Klimakillern" und damit nichts am Temperaturanstieg. Allenfalls kann eine gewisse Entschleunigung erreicht werden (was unter dem Aspekt eines Zeitgewinns möglicherweise wichtig werden könnte).

In diesem Licht erscheinen viele Ratschläge in Literatur und Presse als problematisch. Zumeist auf Individualverhalten fokussiert, suggerieren sie, der Einzelne könne Wesentliches bewirken, z. B. indem er seinen „CO$_2$-Fußabdruck" reduziert.[117] Natürlich ist es richtig, wenn die Menschen bedachter mit den Ressourcen umgehen. Zudem wird dadurch kontinuierlich Aufmerksamkeit auf das Thema gelenkt. Dies in den Mittelpunkt zu stellen, lenkt von der Größe des Problems und dessen immensen strukturellen und ordnungspolitischen Herausforderungen ab. Seien wir uns darüber im Klaren: Selbst, wenn die Gattung Mensch plötzlich von der Erdoberfläche entfernt und an irgendeinen externen Ort gebeamt wird, würde aufgrund von Selbstverstärkungsmechanismen der Temperaturanstieg sich vermutlich schon ab heute über Jahrzehnte fortsetzen.

Anderes und mehr muss geschehen, um dem Klimawandel (ein Euphemismus) auf "Augenhöhe" zu begegnen. Und wie im Theater ein zweiter Akt sich der Handlungslinien des ersten bedient, um seine eigene Dramaturgie zu entfalten, knüpft der Widerstand gegen die Klimakatastrophe in einem zweiten Schritt an das zuvor Geleistete an.

Führen wir uns vor Augen, dass bei einem Gelingen der Strato-Technologie eine völlig neue Operationsebene mit weiteren Optionen erschlossen ist. Naheliegend sind nachrichtentechnische Nutzungen. Satelliten im Orbit und Sendemasten für die Mobilfunkversorgung auf dem Boden werden zum großen Teil überflüssig.[118] Der Wetterbeobachtung wird im Sinne des Wortes eine neue Dimension erschlossen. Möglicherweise auch der Verkehrstechnik.

Letztlich handelt es sich um Nebenthemen, die das Hauptthema nützlich flankieren. In den Fokus sollten nunmehr Strategien rücken, die eine sofortige Trendumkehr zu bewirken. Anders als bei Betten kann man nicht einfach Decken austauschen, um den Wärmestau zu verhindern. Vielmehr muss bei der Energiezufuhr angesetzt werden. Unerwünschte Einstrahlung darf nicht in die tieferen Atmosphäreschichten eindringen, um dann die Luft und den des Planeten, also das Reflexionsvermögen, erhöht werden. Mit dem Standort Ostsee ist angedeutet, wie dies möglich wäre. Die Ballons leisten Abschattung und sind gleichzeitig reflektierend.

Damit ist der Grundgedanke vorgegeben. In einem **zweiten Schritt** gilt es, das Strato-System gleichzeitig zur Abdeckung bzw. Reflexion zu nutzen. 600.000 Ballons bewirken insgesamt eine Flächenabdeckung von fast 4.700 km². Das sind fast 1,3% der Fläche Deutschlands. Würde man also das Strato-System über dem eigenen Land aufspannen, wären beide Schritte mit einem technischen Ansatz geleistet. Weltbezogen wäre der Nutzen über den Meeren allerdings drastisch höher, da Wasser Sonnenenergie weitgehend absorbiert und damit die Albedo deutlich verringert. => Anh. 9: Unerbetene Energie] Zudem werden auf diese Weise Temperaturgefälle zur Umgebung erzeugt. Bewegungsdynamiken in der Atmosphäre werden ausgelöst und damit statischen Wetterlagen, etwa andauernden Trockenperioden, entgegengewirkt. Mit zusätzlichen Reflexionsflächen unterhalb der Ballonebene ließe sich die Reflexion mit deutlich geringerem Aufwand weiter erhöhen. Zudem lässt sich bei Rückstrahlung gegen die Unterseite der Ballons deren Energieertrag spürbar vergrößern.

Stufe 2 gewinnt zusätzlich Bedeutung aus Veränderungen der Energieeinstrahlung, bisher seitens des IPCC in

Abrede gestellt. Zur Wahrheit führt insbesondere ein Beitrag, der unauffällig in den Tiefen der Register des Deutschen Wetterdienstes – offizielles Wetter- und Klimaorgan der Bundesregierung - ruht. Er trägt den Titel „Die Entwicklung der Globalstrahlung zwischen 1983 und 2020 in Deutschland"[119] In der einleitenden Zusammenfassung heißt es u.a.: *„Insbesondere die weltweit verfügbare Solarenergie erfährt einen imposanten Boom. Gründe für den Anstieg der Globalstrahlung sind die verbesserte Luftqualität durch den starken Rückgang der Emissionen in den genannten Regionen sowie Veränderungen in der Bewölkung. Das resultierende Aufhellen der Atmosphäre wird als „Brightening-Effekt bezeichnet."*

Der Text sagt in kurzem: Erstens erreicht mehr Energie den Boden (somit die unterste Troposphäre) als zuvor und zweitens handelt es sich um ein weltweites Geschehen. Die Graphik zeigt die Entwicklung für Deutschland.

Mit einem Blick ist zu entnehmen, dass die Einstrahlung binnen der letzten 40 Jahr um fast 10 Prozent gestiegen ist. Führen uns vor Augen, dass die gesamte Sonneneinstrahlung auf die Erde das Zehntausendfache des menschlichen Energieverbrauchs ausmacht. Der Zuwachs um ein Zehntel macht also das Tausendfache unseres Bedarfs aus. Und selbst, wenn man diese Summe drittelt, um anderen Regionen mit geringerer atmosphärischer Belastung gerecht zu werden, wird der Erde in einem Jahr mehr Energie zusätzlich zugeführt als der Homo sapiens seit seinem ersten Auftritt vor vermutlich 300.000 Jahren beansprucht hat.

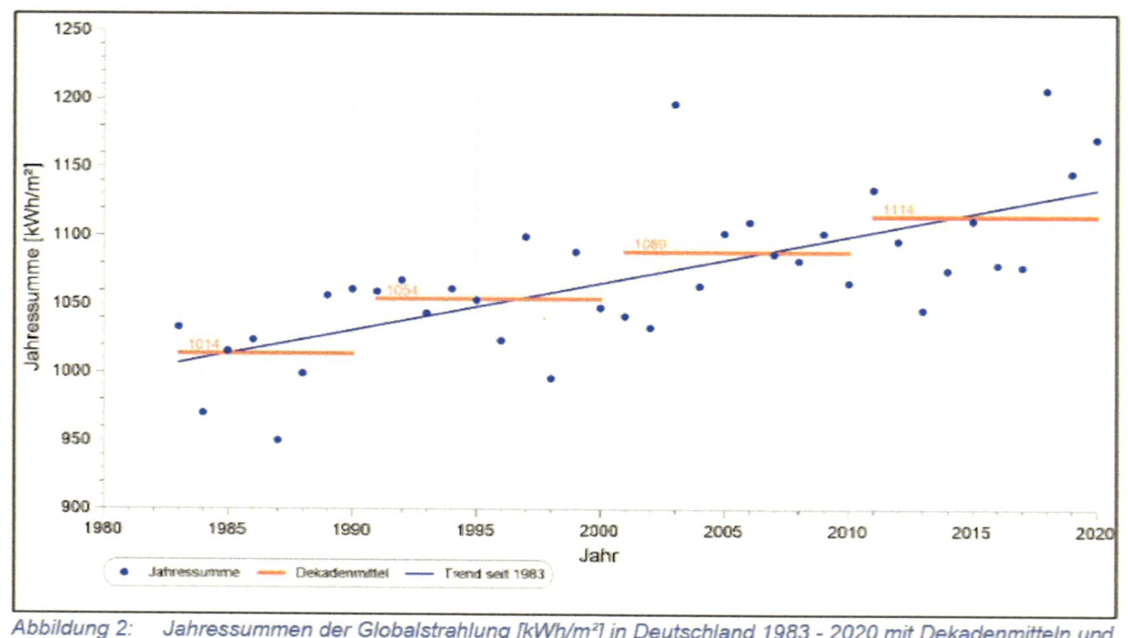

Abbildung 2:   Jahressummen der Globalstrahlung [kWh/m²] in Deutschland 1983 - 2020 mit Dekadenmitteln und Trend (+3,4 kWh/m² pro Jahr).

In der Erläuterung wird die Entwicklung ausschließlich mit Veränderungen der Verhältnisse in der Atmosphäre begründet. Sollten wir also die Atmosphäre weiter verschmutzen, um die unerwünschte Energiezufuhr abzuwehren? Denn die Reduktion der menschenverursachten Aerosole bewirkt offensichtlich einen Anstieg in der Globalstrahlung. Führt also eine Reduktion von CO_2 in der Atmosphäre zur verstärkten Einstrahlung und kompensiert damit den erhofften Effekt einer Temperaturreduktion? Die EU-Umweltagentur EAA verkündete vor einiger Zeit: Saubere Luft würde Leben retten[120]. Müssen wir uns also entscheiden, ob wir ersticken oder verdorren wollen?

Möglicherweise ist die Erklärung des Strahlungsanstieges unzureichend. Wie in den Folgerungen des IPCC bleibt auch hier ein denkbarer Einfluss äußerer Faktoren unberücksichtigt: die Abschwächung des Erdmagnetfeldes, ferner der Ozonschwund. Der Ozonschirm in der Stratosphäre wurde im Verlauf von drei Milliarden Jahren dank der Sauerstofffreisetzung durch das Phytoplankton gebildet. Erst dann konnte vor etwa 700 Millionen Jahren das Leben den Schritt aus dem Wasser wagen und sich allmählich auf den Landflächen ausbreiten. Auch hier argumentiert der IPCC nicht irrtumsfrei. Unter Zurückweisung anderer Auffassungen zur Wirkung von Ozon wurde im Disput um das Ozonloch behauptet: *„Insgesamt dominiert der Kühlungseffekt."* Darin befindet sich der IPCC jedoch im Widerspruch zur kürzlich publizierten Wertung der Weltwetterorganisation (WMO) sowie des UN-Umweltprogramms (Unep): *„Wegen des Ozonlochs gelangt mehr*

UV-Licht auf die Erdoberfläche. Wenn es sich weiter schließt, dürfte dadurch auch die <u>Erderwärmung zurückgehen</u>". Im Umkehrschluss bedeutet es, dass weniger Ozon zu einer verstärkten Einstrahlung und damit Temperatursteigerung geführt hat. Die Erwartungen belaufen sich nunmehr auf einen Temperaturrückgang um 0,3 bis 0,5 Grad, annähernd ein Drittel der bisherigen Anstiegs.

Bereits vor einigen Jahren gab der „Spiegel" Entwarnung: Das Ozonloch sei von 26 Mill. auf 20 Mill. km² zurückgegangen. Warum aber wurde diese Entwarnung von der WMO und der Unep jetzt wiederholt?

Dem genaueren Blick erschließt sich, dass es keinen Anlass zur Entspannung gibt. Vielmehr haben wir es mit einer schleichenden Gefahr zu tun. Es handelt es sich nicht allein um die begrenzten „Löcher" über den Polen, von denen stets die Rede ist. Vielmehr dünnt die Ozonschicht über „den mittleren Breiten und den tropischen Gebieten insgesamt aus. Und diese Verluste sind größer als die "Gewinne" mit dem Schrumpfen der Löcher, die in Abständen als Fortschritt propagiert werden. Sicher ist nur, dass es bisher keine gesicherte Erklärung gibt. Die Vermutung einer anthropogenen Ursache wäre blanke Spekulation. Im Übrigen ist die Abschwächung des Erdmagnetfeldes mit der Folge verstärkter Einstrahlung jenseits allen Zweifels nicht anthropogenen Ursprungs. => Anh. 5: Ozonloch und Erdmagnetfeld]

Daraus kann es nur einen Schluss geben. Wenn man nicht an den Ursachen ansetzen kann, muss etwas gegen die Wirkungen unternommen werden. Die einzige erkennbare sinnvolle Option ist die Reduktion der Einstrahlung durch Reflexion, bevor die Energie in die Troposphäre eintritt.

Um globale Effekte auszulösen, muss in Größenordnungen gedacht werden, die die gewöhnliche Vorstellungskraft überschreiten. Dann gelangt man zur Idee einer quasi-stratosphärischen Reflexionsschicht. Ein erstes Projekt, 4500 km lang und 500 bis 1000 km breit über dem Atlantik gelegen, reicht von Norwegen über Island und vorbei an der Südspitze Grönlands bis nach Labrador in Kanada. Eine deutlich abgekühlte Zone (was den Erhalt des Golfstroms sichert) wird als Barriere gegen das Vordringen von Warmluft gen Norden fungieren. Damit kann das Abschmelzen gestoppt werden.

Zudem ist zu erwarten, dass der von Temperaturdifferenzen abhängige Jetstream wieder in Gang kommt. Er trägt wesentlich zu Wetterwechseln in der nördlichen Hemisphäre bei, damit zur Versorgung mit Regen.

Das Atlantik-Projekt würde für eine 33%ige Abdeckung bis 1.500.000 km² Reflexionsflächen erfordern, zudem Verbindungsstrukturen. Es könnte zum Vorbild für andere geeignete Regionen der Welt werden.

Um einen zu erwartenden Temperaturanstieg um +5 Grad (über Basiswert 13,6 °C) in den nächsten 20 bis 30 Jahren abzufangen, müsste dieser Ansatz allerdings um Größenordnungen ausgebaut werden. Für eine 33%ige Abdeckung von Flächen mit einer Gesamtausdehnung von über 30 Mill. km² wären etwa 1,2 Mrd. Reflexionskörper á 100 x 100m erforderlich. Eine gigantische, nichtsdestoweniger zu bewältigende Herausforderung – zumal, wenn man sich vor Augen führt, dass der weltweite PKW-Bestand deutlich höher ist und sich bewusst macht, dass es ums Überleben geht. => Anh. 9: Unerbetene Energie]

Eine Überschlagsrechnung gelangt zu Gesamtkosten ab 300 Billionen €. Bevor man das Buch fallen lässt und die

Hände über dem Kopf zusammenschlägt, sollte folgende Betrachtung erwogen werden. Wie hoch ist der Wiedererstellungsaufwand des Hamburger Hafens einzuschätzen? 200 Milliarden, 500 Milliarden – 1 Billionen €? Das wird vermutlich davon abhängen, ob man lediglich die Kaianlagen als solche betrachtet oder das gesamte Hafengelände mit einer Fläche von 72 km² als Investitionsobjekt ansetzt. Hamburg schlägt in etwa ein halbes Prozent der weltweiten jährlichen Hochseetonnage um. Darin sind Abertausende kleinere Häfen an allen Küsten der Welt nicht berücksichtigt. Addiert man dergestalt den Wert aller Häfen, wird man wohl zu einem mittleren dreistelligen Billionenbetrag gelangen.

Dieser Verlust stellt sich bei einem Anstieg des Meeresspiegels um ca. drei Meter ein. Beträgt der Anstieg sechs Meter (etwa dem Abschmelzen des Grönlandeises entsprechend), werden weite Stadtgebiete und Küstenregionen einbezogen. Derartige Dimensionen entziehen sich einer sinnvollen ökonomischen Bewertung.[121]

Stufe 3: Weltraum

Bisher bewegen wir uns auf dem 14-km-Niveau. Nunmehr wird das Tor zum **dritten Akt** aufgestoßen. Dahinter liegt der Bereich der Kür, in dem Spekulationen nicht nur erlaubt, sondern zumeist einziges Ausdrucksmittel sind. Ungewissheit ist darin ein legitimer Bestandteil der Vorstellungen. Falls es gelingt, wäre allerdings eine neue Dimension aufgetan. => Anh.10: Kreative Lösungen für Stufe III]

Etwas, das in einer Höhe von 14.000 km möglich ist, sollte auch einige Kilometer höher gelingen. Bereits in den 1960er Jahren soll in Japan ein Fesselballon in eine Höhe von 80 km aufgestiegen sein. Belegt ist, dass Heliumballons Höhen von mehr als 50 km erreicht haben.

Wasserstoff bewirkt einen Auftrieb von ca.1,2 kg/m³ (8% mehr als Helium). Stellen wir uns also eine riesige, auf Wasserstoffhüllen schwimmende Plattform in 20 km Höhe vor. Das weiterhin auftriebsgestützte "Rohr" wird bis zu dieser Höhe geführt. Der dort nunmehr (im Vergleich zum Stratoenergiesystem) halbierte Auftriebsüberschuss steht ausschließlich der Plattform zu Verfügung. Höher zu gehen ist wegen der Ozonschicht problematisch. Zudem beträgt die Luftdichte bei 30 km nur noch ein Prozent und ist daher im Sinne des Wortes nicht mehr tragfähig.

Dem extrem kosten- und energieaufwändigen Weltraumflug könnte damit dank eines „EM-Katapults"[122] eine neue Option erschlossen werden. Gegenwärtig müssen zweistufige Raketen bei Schwerkraft 1 starten, die dichte Lufthülle durchstoßen und eine Mindesthöhe von mindestens 200 km erreichen, um in eine Umlaufbahn (Orbit) zu gelangen. Die erste Stufe wird gewöhnlich mit Kerosin betrieben und trägt damit zur Luftverschmutzung bei.

Bei einem (einstufigen) Start von der Strato-Plattform ist der Luftwiderstand faktisch zu vernachlässigen. Die Schwerkraft ist bereits (etwas) geringer. Der mitgenommene Schwung ist aufgrund der etwas höheren Rotationsgeschwindigkeit gegenüber einem Bodenstart etwas stärker. Und die Strecke in eine Umlaufbahn in zunächst 200 km Höhe ist ein wenig kürzer. Vor allem aber wäre mit einer Einstufen-Technologie eine drastische Aufwandsreduktion gegenüber den gegenwärtigen Verhältnissen möglich[123], zudem kann der Antrieb mit Wasserstoff geleistet werden.

Die Idee, Raketen von Auftriebskörpern in großer Höhe zu starten, um einstufige Konstruktionen zu ermöglichen, ist nicht neu. So wurde vor einigen Jahren eine Studie mit dem Plan vorgelegt, relativ kleine Raketen in einer Höhe von 30 bis 40 km, also mitten in der Stratosphäre (damit in der Ozonschicht) zu starten.[124] Zwei Hemmnisse wurden ausführlich diskutiert. Zum einen handelt es sich um die negativen Einwirkungen des Ozons auf die Materialien. Zum anderen galten die Produktionskosten für den einmalig zu nutzenden Auftriebsballon (mit einem Durchmesser bis zu 120 m) als viel zu hoch (was bei quasi handwerklicher Fertigung nachvollziehbar ist).

Ohne es auszuführen, legt die Studie durch die gewählte Starthöhe mit ihren verschiedenen Komplikationen die Vermutung nahe, dass sich der Orbit mit einem einstufigen Flugkörper aus 20 km Höhe nicht erreichen lässt. Das ist nachvollziehbar – solange man den herkömmlichen Konzeptionen verhaftet bleibt. Stattet man jedoch den Flugkörper mit einer Startgeschwindigkeit von etwa 1,5 km/s aus[125], wäre das Höhenmanko wohl ausgeglichen und der Ansatz durchführbar. Das setzt allerdings die Erfüllung spezieller technologischer Bedingungen voraus, die nicht trivial sind.[126]

Von dort aus lässt sich nun der Weltraum erschließen. Ursprünglich angedachte Plasma-, bzw. Ionentriebwerke sind allerdings aufgrund des minimalen Schubes im erdnahen Raum dafür nicht geeignet. Daher müssten traditionelle Antriebsstoffe zum Einsatz gelangen. Es sei denn... Ist erst einmal die Satellitenlaufbahn erreicht, gibt es Alternativen. Das wäre zum einen ein "Pendelverkehr". => Anh. 10: Kreative Lösungen für Stufe III] Zum anderen könnte evtl. wiederum (wie bereits auf der Stratosphärenplattform) ein elektromagnetisches Katapult eingesetzt werden.[127] Ein Startschub wäre im Prinzip möglich, der bis in die gewünschte Höhe, z.B. die geostationäre Bahn, reicht. Diese Konzepte bergen den enormen Vorteil, dass erstens keine Energie (als Treibstoff) in die Umlaufbahn transportiert werden muss. Ferner sind die Flugkörper wiederverwendbar. Die Voraussetzungen für einen Regelbetrieb wären damit geschaffen. Die Clarke'sche Idee des Sternenfahrstuhls könnte gegebenenfalls mit geringerem Anspruch als die Erde zu erreichen, umgesetzt werden.

Das Konzept der Solarenergie aus dem Weltraum kann neu betrachtet werden. Zudem könnten, ist erst einmal dieser Höhe routinemäßig erreichbar, Reflexionsstrategien realisiert werden, die alles ermöglichen, was man will.

Eine „absurde" Vorstellung? Solange der Antigravitationsgenerator nicht existiert, bietet die Kombination von EM-Katapult, Pendel und ggf. Aufzug wie es scheint gegenwärtig den einzigen Weg zu einer aufwandsverträglichen Raumfahrt. Wer konnte sich vor einem Jahrhundert vorstellen, dass einst tonnenschwere Flugzeuge die Erde umkreisen? Darin begrenzt durch wirtschaftliche Erwägungen, nicht aber durch technische Unmöglichkeit.

Nichtsdestoweniger ist die Frage berechtigt, warum in diesem Kontext der Weltraum in die Betrachtung einbezogen wurde. Der Grund liegt in der **6. Bedrohung**: das **schrumpfende Magnetfeld** der Erde. Seine essentielle Bedeutung wirkt sich weit außerhalb der Lebenssphäre aus, deshalb nehmen wir sie nicht wahr. Zwischen etwa 600 und 10.000 km Höhe sowie von etwa 20.000 bis 60.000 km Höhe ist die Erde von den nach ihrem Entdecker benannten Van-Allen-Gürteln umgeben. Darin werden enorme Mengen der Sonnenstrahlung abgefangen und um die Erde herumgeleitet, sodass sie nicht in die Atmosphäre eindringen können.

Das Erdmagnetfeld schrumpft seit mindestens 170 Jahren. Bisher handelt es sich insgesamt um 9 Prozent, in den letzten Jahrzehnten hatte sich der Prozess noch verstärkt. Diese als „Anomalie" bezeichnete Entwicklung wird bereits um 2034 den halben Planeten umfassen. Offenbar trifft dieses Phänomen die Erde in Abständen von einigen 100.000 Jahren immer wieder. Welches Schadenpotenzial sich damit verknüpft, ist nicht genau bekannt. Ebenso wenig, wie stark der Rückgang ausfallen kann. Immerhin weiß man aber, dass es Jahrtausende währt, bis sich das Feld wieder vollständig aufbaut. => Anh. 5: Ozonloch und Erdmagnetfeld] Und – ohne Erdmagnetfeld gäbe es keine Van-Allen-Gürtel und ohne diese vermutlich kein Leben auf der Erde.

Wir sind daher gut beraten, Möglichkeiten für Schutzvorrichtungen zu erschließen, die nur außerhalb der Atmosphäre in der erforderlichen Größe und Wirksamkeit errichtet werden können. Voraussetzung dafür ist die Fähigkeit zu einem Alltagsbetrieb im Weltraum. Vermutlich kann auch dafür die LaL-Technologie einen wichtigen Baustein zur Verfügung stellen. Erhöhte Reflexion durch ein Strato-System ist bereits ein erster Schritt, um ggf. gewachsene Risiken zu begrenzen.

Die Handlungsoptionen, die sich mittels der geschilderten Ansätze eröffnen, sind jedenfalls derart vielfältig und weitreichend, dass sie hier zumal im Alleingang nicht ausgeleuchtet werden können.

Das „Große Netz"

Ein lästiges Problem der „Stromgesellschaft" stellt sich mit der Speicherung. => Anh. 6: Elektrische Speicher] Angesichts des Tag-Nacht-Wechsels muss ein umfassendes

Energiesystem auch dann Strom zur Verfügung stellen, wenn die Sonne nicht scheint. Sollte (aus bisher nicht erkennbaren Gründen) die Kombination von Stratoballons und hängenden Windkraftanlagen nicht funktionieren, wird man an einer großvolumigen Speicherung nicht vorbeikommen. Deren Nachteile, Verluste bis 60 Prozent etwa durch Umwandlung, lassen die Wunschvorstellung aufkommen, der Strom möge endlos verlustfrei in den Netzen kreisen, bis er benötigt wird. Dem kommt man ein Stück näher mittels Schwungrädern, die in supraleitenden (SL) Lagern gebettet sind. Allerdings wird Energie zu deren Kühlung mit flüssigem Stickstoff benötigt.

Generell entsteht so oder so nicht unerheblicher Aufwand: einerseits Wandlungs- bzw. Lagerungsverluste (bei Batteriesystemen), andererseits System- und Energiekosten.

In der Beschäftigung mit der „Stratoenergie", drängt sich spontan eine weitere Idee auf. In der Tropopause herrschen Temperaturen bis -70° C. Das bringt dazu, mit der Supraleitung zu liebäugeln. Indes ist das noch längst nicht kalt genug.

Allerdings wäre die Erdoberfläche ohne Sonneneinstrahlung nach 10 Jahren auf -219° C abgekühlt. Ist es vorstellbar, den in mehrfacher Hinsicht aufwändigen Einsatz von flüssigem Stickstoff zu vermeiden durch eine Abschirmung, die die Temperatur in die 70°-Kelvinzone drückt?

Dann ließe sich Supraleitung ohne zusätzlichen Energieaufwand in Permanentmagneten einsetzen. Es entsteht das Bild von gewaltigen Schwungrädern in der Tropopause, die in evakuierten (luftentleerten) Gehäusen ohne weiteren Energieaufwand bzw. -verlust als Zwischenspeicher fungieren.[128]

Nunmehr gelangt eine weitere Vorstellung ins Blickfeld. Am Boden werden die Leitungsverluste problematisiert, wenn man den Strom aus Windkraftanlagen in der Nordsee heranführen will. In der Höhe ist man gewissermaßen entfernungsunabhängig, wenn es gelingt, Quelle und Verbrauchsort mittels Supraleitung verlustfrei zu verbinden.

Daraus resultiert ein größerer Gedanke. Warum Umwandlung / Speicherung? Der Grund liegt in der nicht jederzeit verfügbaren Leistung aus der einstrahlungsabhängigen Photovoltaik. Dies ist einer der enormen Vorteile der Stratoenergie: Tagsüber steht sie kontinuierlich zur Verfügung. Es geht im Wesentlichen um die Nacht. Flugwindkraftwerke könnten gewiss einen erheblichen Teil der nächtlichen Versorgungslücke schließen. Und darüber hinaus – warum nicht die Nacht zum Tag machen? Bisher war die Rede von einem Netz über der Ostsee. Damit wären zwei Zeitzonen überdeckt.

Damit nicht genug. Zuvor wurde ein riesiges Netz angedacht, das von Norwegen über Island und Grönland bis nach Kanada reicht, dort vielleicht noch eine Stunde ins Land hinein, sodass die großen Zentren des nordamerikanischen Ostens einbezogen sind. Auf diese Weise ließe sich der Energietag insgesamt um weitere 10 Stunden verlängern. Für kleine Restmengen, die gespeichert werden müssten, könnten beispielsweise Schwungrad (flywheel)-Speicher) dienen. Im Sommer wird es im Norden für mindestens sechs Monate ohnehin keine Tageslücke geben. Was meint, dass in einem Netz dieser Ausdehnung immer irgendwo „Energietag" ist. Allerdings stellt sich die Kapazitätsfrage im Hinblick auf Erzeugung und Übertragung in supraleitenden Netzen. Beides stellt ein gewaltiges zusätzliches Investment dar, und man wird abwägen zwischen den Kosten für Erzeugungs- und Übertragungskapazität sowie Speicherkapazität.

Soeben war vom Sommer die Rede, doch was ist im Winter? Die Tageslichtzeit ist deutlich, im hohen Norden dramatisch eingeschränkt. Eine Kapazitätsausweitung, die die reduzierte Einstrahlungszeit kompensieren könnte, dürfte aus Kostengründen nicht Mittel der ersten Wahl sein. Jedoch lässt sich das, was in Ost-West-Richtung möglich ist, auch annähernd in einem Nord-Süd-Netz realisieren. Wie die Ostsee von einer partiellen Abdeckung profitieren wird, gilt dies auch für das Mittelmeer. Damit würde das Netz bis in die subtropische Zone hineinreichen, in der sich die Tageszeitverkürzung im Winter nur unerheblich bemerkbar macht. Auch wäre dann zwischen Erzeugungs-, Übertragungs- und Speicherkapazitäten zu optimieren.

Gelingt dies, ist der Weg frei zu einem hoch elastischen, im Hinblick auf die Gewährleistung der Versorgung gewissermaßen narrensicheren Netz, das auch größere regionale Katastrophen abfedern kann. Wenn es im 19. Jahrhundert möglich war, mit mechanischen Techniken der Zeit in 30 Jahren mehr als 1 Mill. km Unterseekabel zu verlegen, sollte heute selbst diese Herausforderung - das „Große Netz" - im Bereich des Machbaren liegen.

Ernüchterungen

Das alles ist Spekulation und hängt wesentlich von weiteren Entwicklungen der „Supraleitung" ab. Über lange Zeit ein exotisches Phänomen bei -273° C/0°K, rückte sie durch die epochalen Entdeckungen von K. A. Müller/G. Bednarz zu Sprungtemperaturen um 20°K in Keramiken ins Zentrum der Festkörperphysik.

Notwendig wären hier allerdings weitaus höhere Sprungtemperaturen (möglichst über -60° C unter Normalbedingungen). Gegenwärtig erfordern Materialien wie

Schwefelwasserstoff Druck von weit über 100 GPa[129], um bei einer Sprungtemperatur von -70° C in den supraleitenden Zustand überzugehen, gleichermaßen metallische Supraleiter bei -23° C. Damit bleiben es zunächst Laborsensationen.

Generell gilt: Je höher die Sprungtemperatur von Materialien, desto praxisferner. So gibt es heute erste Feldversuche (u.a. in Essen), um die Leistungsfähigkeit und Zuverlässigkeit von SL-Kabeln zu testen. Die Länge: 500 m bis 1 km, bei Temperaturen unterhalb von 70° K (-203° C). Um wirklich große Strommengen ggf. über größere Entfernungen zu transportieren, sind sehr niedrige Sprungtemperaturen erforderlich. Das erfordert permanente Kühlung mit flüssigem Stickstoff oder sogar mit flüssigem Helium. Zudem sind die industriellen Fertigungsanforderungen extrem hoch. So fordert das Material u.a. komplexe Nanostrukturen, in denen jedes einzelne Atom seinen Platz einnehmen muss. Im Übrigen benötigt die starre Keramik einen Silbermantel, um biegsam zu sein. Das alles treibt die Kosten hoch.

Nur das EM-Katapult in der Stratosphäre erscheint beim heutigen Stand des Wissens und Könnens in absehbarer Zeit realisierbar. So erreichen sog. Torque(Drehmoment)-Antriebe auf SL-Basis inzwischen die 200fache kW-Leistung/kg gegenüber Standardmotoren. Zudem sind sie deutlich kompakter als herkömmliche Antriebssysteme.

Übertragung und Speicherung in alltagsrelevanten bzw. großtechnischen Dimensionen sind in nüchterner Sicht Utopie. Allerdings sind bisher Fortschritte in der SL häufig nicht auf systematische Anwendung von Theorie zurückzuführen, sondern vielmehr Ausfluss von „try and error" oder gar schlichter Zufall in Forschungsarbeiten zu anderen Themen. Möglicherweise vollzieht sich jedoch in diesem Jahrzehnt ein Wandel. Computerprogramme rechnen ungeheure Mengen denkbarer Stoffkombinationen durch und es erscheint nicht mehr völlig unmöglich, SL bei Normalbedingungen - Temperatur und Druck - zu realisieren.[130]

Andererseits kann sich alltagstaugliche Supraleitung durchaus als "kalte Kernfusion" der Festkörperphysik erweisen: eine ewig während Wunschvorstellung. Hoffen ist dennoch eine honorige Haltung.

Das berührt jedoch nicht das Dreistufenkonzept als solches. Jede Stufe für sich ist in ihrem Nutzen einsichtig. Dank der LaL-Techniken als übergreifende Basistechnologie gewinnt das Konzept zusätzlich an Attraktivität. Dadurch kommen Synergieeffekte, insbesondere auch unter dem Kostenaspekt, zum Tragen, die in ihren Optionen noch nicht absehbar sind.

Zu viel Ressourcen – zu geringer Nutzen?

Inzwischen dürfte sich erschlossen haben, dass der GIGA-Plan die „absurde Idee" verkörpert. Man muss allerdings dafür nicht Stufe 2 erklommen haben. Bereits Stufe 1 wirkt auf manche wie ein rotes Tuch.

„Die technische Realisation dieser Idee wird jede Menge stoffliche Ressourcen und Energie benötigen - diese aber werden ja bis auf Weiteres fossil gefördert und elektrische Energie beim derzeitigen Strommix größtenteils fossil gewandelt. Das Projekt würde also bis zu seiner Etablierung zusätzliche CO_2-Emissionen verursachen, die zu den derzeitigen weiter steigenden Emissionen hinzukommen würden. [...] Kann ein solches Projekt nicht zur Folge haben, dass man in der Hoffnung auf künftige unerschöpfliche Energieversorgung (wurde schon mal mit der Ausrufung des "Atomzeitalters" versprochen) weiter macht wie bisher - und damit das Überleben auf dem Planeten von einem

hoch komplexen und riskanten technischen Projekt abhängig macht? (Murphy lässt grüßen). Schließlich: Welches ökonomische System würde ein solches Projekt brauchen?"

Wie der drohenden Klimakatastrophe beizukommen sei, sagt der Kritiker nicht. Er würde wohl auf eine entsprechende Frage eine Bresche für nachhaltige Energien schlagen und im Übrigen für Verzicht plädieren.

Der Energiekorb enthält einen großen Strauß nachhaltiger Erzeugungskonzepte. Fast alles ist jedoch Nischentechnologie oder lediglich für spezielle Verhältnisse geeignet. Die großen Linien werden durch die Photovoltaik und die Windkraft geprägt. Und immer wieder wird von verschiedenen Seiten versichert, es sei alles auf dem Boden in ausreichendem Umfang machbar. Im Allgemeinen wird aber vom elektrischen Strom geredet. Die vollständige Energieversorgung als Basis eines Nachhaltigkeitskonzepts wird kaum jemals thematisiert.

Gehen wir also der Frage nach, welcher materielle und finanzielle Ressourcenaufwand dafür geleistet werden müsste. Der Vergleich zwischen den verschiedenen Konzepten zur Volldeckung des Energiebedarfs erbringt für Strato-Skeptiker überraschende Ergebnisse.

	Photovoltaik	Windkraft	Stratoenergie
Masse in Mill. T	210/420	2.800	<100
Invest. in Mrd. €	≤ 5.500	> 2.000	1.600 - 2.000
Flächenbedarf	extrem	unmöglich[1]	unbedeutend

[1] Abstand unter 500

Zunächst zum **Materialaufwand** der **Photovoltaik** (PV) am Boden. Ein Meter^2 im Modul erbringt einen durchschnittlichen Ertrag von 150 kWh/a. Um 280 TWh/a zu realisieren, werden ca. 18.700 km^2 aktive Fläche benötigt.

Ein Quadratmeter wiegt ungefähr 11 kg. Das wären auf

1 km² 11 Mill. kg = 11.000 t. Insgesamt also 206 Mill. t. Für die Installation wird eine Bausubstanz gleicher Größenordnung angesetzt, zusammen also um 410 Mill. t.

Zur **Windkraft**: Vergleichbar müssten heute etwa 400.000 Anlagen mit je 7 GWh/a eingesetzt werden. Eine moderne Anlage wiegt etwa 3.000 t. Hinzu kommen 4.000 Tonnen für das Fundament und sonstige Materialien. Zusammen also 7.000 t. Das macht annähend 3 Mrd. Tonnen Material. Es wäre eine Überlegung wert, wie viele Strände der Welt leergesaugt werden müssen, um den Bausand für das Betonvolumen heranzuschaffen.

Der Materialeinsatz der **Stratoenergie** mit 600.000 Ballons einschließlich Infrastruktur liegt bei gut 60 Mill. t. Darin enthalten sind ca.8 Mill. Tonnen Wasserstoff. Einschließlich Einrichtungen am und im Boden sind es weniger als 100 Mill. t – ein Bruchteil im Vergleich zu den Alternativen. Zudem hätte diese Anlage den gewaltigen Vorteil, kaum Platz am Boden zu beanspruchen.

Wie steht es um den **Investitionsbedarf?** Ein Quadratmeter **PV**-Modul (aus chinesischer Massenproduktion) kostet annähernd 200 €.

Setzt man 100 € wegen Kostensenkungen aufgrund der economies of scale für das Projekt an, liegt der reine Modulpreis bei insgesamt 1,9 Billionen €. Erfahrungsgemäß verdreifacht sich der Preis mit der Realisierung einer einsatzfähigen Anlage. Somit handelt es sich um ein Investitionsvolumen von ca. 5,5 Billionen €.

Ein vergleichbar leistungsfähiges **Windkraftsystem** auf dem Boden benötigt bei geltendem Standard ca. 450.000 Anlagen mit einer Leistung von 3 MW.

Pro Anlage entsteht ein Investitionsaufwand von ca. 4,2 Mill. €, insgesamt also von 1,9 Billionen €. Darin ist der

Flächenaufwand nicht enthalten. Offshore-Anlagen erfordern etwa den dreifachen Aufwand. Der Unterschied im Investitionsaufwand zwischen PV und Windkraft liegt nicht zuletzt im Auslastungsgrad. PV erreicht eine Jahresauslastung von gut 1000 Stunden, Windkraft das Doppelte.

Welcher finanzielle Aufwand wären für das **Stratoenergie-Konzept** anzusetzen? Da es nicht existiert, lassen sich lediglich plausible Annahmen machen.

600.000 Ballons stellen in 14 km Höhe eine verfügbare Auftriebskraft von gut 60 Mill. Tonnen zur Verfügung: für Ballons, Netz- und Stromsysteme sowie für den Kontakt zum Boden. Nimmt man einen durchschnittlichen Kilopreis von 15 €, ergibt sich eine Summe von 900 Mrd. €.[131]

Die Wasserstofffüllung (9,50 €/kg an der Tankstelle) kostet für 7,82 t/Ballon 74.300 €. Für 600.000 Ballons also ~ 45 Mrd. €.

Der Installationsaufwand für das Material von 10.000 €/t liegt bei 600 Mrd. €. Zuzüglich ca. 100 Mrd. € für Bodeninstallationen, Fahrstühle sowie Stratoplattformen und mobile Einheiten führen zu einem Gesamtaufwand von ca. 1,6 Bill. €. Liegt der Kilopreis des Materials durchschnittlich bei 20 €, ergeben sich annähernd 2 Bill. €. Zunächst stellt aber sich folgendes Bild dar:

	Menge	Gesamt	Preis je Einh. in €	Summe in Mrd. €
Ballons+Mat.	600.000 St.	~ 60 Mill. t	(kg) 15	900
Wasserstoff	á 7,82 t	4,7 Mill. t	9.500 €/t	45
T. u. M.[1]			(kg) 10	600
Sonstiges[2]				100
Summe				**1.645**

[1] Transport und Montage
[2] Bodeninstallationen, Lifte, Stratoplattformen, Stratomobile

Darin stecken zudem noch Reduktionspotentiale. Werden Reflexionsschilde unterhalb der Ballons eingesetzt, reflektieren sie großenteils auf deren Unterseiten. Der Energieertrag je Ballons könnte dadurch um vielleicht 25 Prozent erhöht werden. Damit ließe sich z.B. der zusätzliche Auftriebsaufwand kompensieren.

Stratoenergie erweist im Prinzip in jeder Hinsicht als vorteilhafter, teilweise den anderen Ansätzen schlagend überlegen. Dabei kommt in der Datenlage ein entscheidendes Plus gar nicht angemessen zum Ausdruck: der Flächenbedarf. Die Größenordnung des Problems zeigt sich an der Photovoltaik. In 2020 wurden für Deutschland knapp 52.000 km² Siedlungs- und Verkehrsflächen (SuV) ausgewiesen. Davon waren annähernd 23.000 km² versiegelt. Bei einer Energie-Vollversorgung mittels PV würden sich Flächen erheblich ausweiten: zusätzliche 30.000 km² SuV-Flächen, davon wiederum abgedeckt (mit PV-Modulen) ca. 18.000 km². Eine Studie zeigt, dass lediglich 3.000 km² (z.B. auf Hausdächern) konfliktfrei verfügbar sind.

Windkraft würde auf einem km² der verfügbaren Flächen häufig zwei Anlagen beanspruchen, was Abstände zu Wohnstätten von kaum 300 m zur Folge hätte.

Die Nutzung der Tropopause ist keinem konkurrierenden Flächenanspruch ausgesetzt. Überdies sieht man nichts und hört man nichts. Schwerwiegende Akzeptierbarkeitsprobleme wie am Boden können nicht auftreten. => Anhang 9: Der Ertrag der Stratoenergie]

Schließlich wird auch bei Fernleitungen zur Heranführung der Windkraft u.a. aus Offshore-Anlagen erheblicher Widerstand geleistet. Also führt man den Strom über Leitungen in der Tropopause heran - auch über große Entfernungen - und vermeidet so "Gegenwind".

Ungewissheit, ob alles in der Papierlage der Praxis gerecht wird, kann angesichts der glänzenden Performance unter Konkurrenzkriterien wohl kein ernsthafter Einwand sein, es nicht zu versuchen. Dies, zumal nichts erkennbar ist, was dem Klimaproblem überzeugend Paroli bieten kann. Mit vermeintlichen Gewissheiten über nachhaltige Stromerzeugung (gegenwärtig lediglich 8% des Energiebedarfs) wird von der Größe der Herausforderung abgelenkt. Das Kassandra-Syndrom hat gerade in der Gedankenwelt der „Guten" Platz gegriffen und ist dort zu einer Gefahr geworden, die dem CO_2-Irrtum gleichkommt.

Unterstellen wir, dass alles wirklich werden könnte. Auch dann finden Kritiker ein „Haar in der Suppe".

> *„Wie sollte man gesellschaftlich und politisch erreichen, dass die gesamte Erdbevölkerung ein solches Projekt, das die bisherige Vorherrschaft industrieller Techniken einfach weiter führt, angesichts der sozialen Probleme in allen Ländern und der nötigen riesigen finanziellen Förderung akzeptiert, die vielleicht an anderen Stellen der Versorgung der Menschen fehlen würde?"*

Generell ist eine solche Frage berechtigt. Kann man sie aber angesichts der in wenigen Jahren eskalierenden Katastrophe in den Raum stellen, um weiter darüber zu disputieren? Hier scheint ein Problem auf, das in Gesprächen mit eigentlich sensibilisierten und handlungswilligen Gesprächspartnern immer wieder anklingt. Viele Menschen sind darin überfordert, in ihren Vorstellungen einem der Dimension des Drohenden gemäßen Bild Raum zu geben.

Die Ablehnung des Giga-Konzepts (oder einer anderen technologisch basierten Lösung), weil nicht mindestens gleichzeitig oder gar zuvor menschliches Fehlverhalten ausgeräumt werden, ist eine Killer-Phrase, die von Prioritäten in der Zeitdynamik nichts wissen will. Man erinnere sich: Vor annähernd

50 Jahren wurden vom Club of Rome „Die Grenzen des Wachstums" beschworen und später zum „Faktor 4" - doppelter Wohlstand – halbierter Naturverbrauch - ausformuliert. Seitdem hat sich der Verbrauch fossiler Brennstoffe verdoppelt, ebenso die Zahl der Menschen.[132] Geschwunden sind hingegen Naturräume und Grundwasser. => Anh. 8: Das „Durchschnitt-Dilemma"] Ist man sich dessen bewusst, dass zwei Drittel der Biomasse der Landflächen sich im Boden befinden (Wurzeln, Mikroorganismen, Würmer etc.) lässt sich erahnen, welchen enormen Schaden die Austrocknung der Bodenschichten unterhalb der obersten Krume anrichtet. Rasch abfließender Starkregen, der die Wasserbilanz verschönt, bringt kaum Erleichterung. Nicht zuletzt daraus erklärt sich wohl der weltweite Verlust der Humuserde um 50 Prozent in den letzten 50 Jahren.

Um 40 Prozent geschwunden ist zudem in den letzten 70 Jahren das Phytoplankton im Meer. Dessen Photosynthese ist die Grundlage fast allen Lebens im Meer und damit auch Nahrungsquelle von Milliarden Menschen. Ca. 40 Prozent seines Proteinbedarfs deckt der Mensch aus dem Meer!

Die Forderung gilt daher der Durchsetzung wahrer Vernunft vor einem normalen "vernünftigen Handeln", welches sich der gewaltigen Verantwortung entzieht, die in diesen Jahren, ja, Wochen, übernommen werden müsste.

6. Fazit

Einst vom Philosophen Bertrand Russell angesichts des Griffs nach dem Atom geprägt, sind die Worte im Zeichen der Klimaproblematik aktueller denn je. Hier wurde die GroKa, mehr noch, eine UKa beschworen. Und um das Maß vollzumachen, gar noch eine FiKa (EN 26).

Stand der Dinge

Heute müssen wir feststellen, dass

> CO_2 ein wichtiger Faktor, aber eben nur e i n Faktor in der Erderwärmung ist,
>
> die Vorstellung, CO_2 aus der Atmosphäre zu filtern und zu versenken, illusorisch ist,
>
> Substitution durch WKA und PV auf deutschem Boden nicht ausreichend sein kann,
>
> Emissionsvermeidung und Verzicht unzureichende Strategien darstellen[133],
>
> Schnee- und Eisschmelze bereits jetzt die Albedo in einem Umfang senkt, dass eine CO_2-Reduktion konterkariert wird.
>
> eine proaktive Politik gegen die Energieeinstrahlung betrieben werden muss,
>
> bisherige Geoengineering-Ideen untauglich sind,
>
> ein Zögern und Hoffen auf wirksame globale Gemeinschaftslösungen die Katastrophe wohl unabwendbar machen.

„Ad Marginem", am Rand, titelte Paul Klee einst das Frontbild und fast scheint es, als hätte er die Dramatik der heutigen Zeit vorweggenommen: ein Glutball, unter dem alles andere randständige, abhängige Existenz ist. Und man erahnt die Größe der Bedrohung, wenn der Glut zu viel und die Situation volatil wird. Die Aufgaben sind gewaltig und die Reaktionszeiten verkürzen sich beängstigend rasch: Wir stehen am Rand eines Abgrundes!

In vielen NGOs sind vor allem jüngere Menschen häufig Woche für Woche in bewundernswertem selbstlosem Einsatz, um Veränderungen gerade auch im Kleinen zu vermitteln und selbst Verzicht vorzuleben. Allerdings ist der Mensch mit den Worten Arnold Gehlens, lediglich mit „durchschnittlicher Tugendhaftigkeit" ausgestattet. Es gibt also auch ganz andere! Umso wichtiger ist es, dass die Gutwilligen ihre Aktivitäten zielgenau fokussieren. Trifft das zur Klimathematik zu?

Häufig wird der Eindruck erweckt, CO_2 sei d a s Problem. Mit dessen Bewältigung - und wenn dann alle noch Verzicht leisten - wäre die Krise ausgestanden. Ein gefährlicher Irrtum, handelt sich doch vielmehr um eine multifaktorielle Bedrohung. Ein Blick auf einige Veränderungsdynamiken verdeutlicht, warum die Fokussierung auf CO_2 fragwürdig ist. Offenbar sind weitere Faktoren im Spiel.

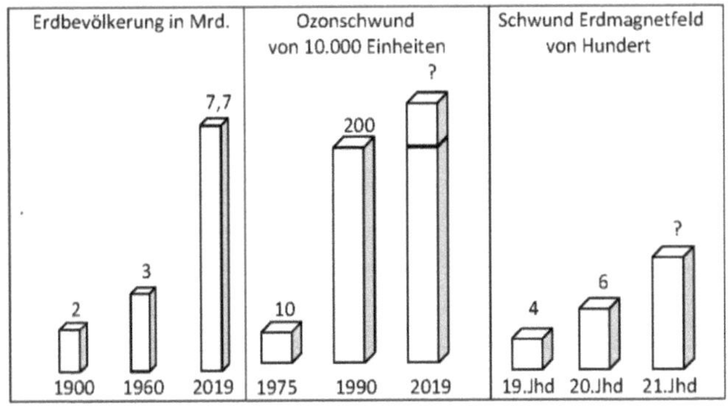

Gegenüber dem Zeitraum von 1881 bis 1980 hat sich die Temperatursteigerung in der letzten 40 Jahren um das Zehnfache beschleunigt. Die CO_2-Dichte hatte sich jedoch lediglich verdoppelt. Parallel zur Temperaturdynamik schnellten Flächen- und sonstiger Ressourcenbedarf hoch, ebenso fand innerhalb von nur 15 Jahren ein dramatischer Abbau im Ozonbestand statt, die entgegen mancher Presseberichte nicht abgeschlossen ist. Obendrein schreitet der Schwund des Magnetfeldes voran. Diesen Entwicklungen ist in einem umfassenden Klimaverständnis gleichermaßen Rechnung zu tragen.

Bedrohungen der Klimastabilität erfolgen durch 1. Wärmefreisetzung durch Verbrennung / 2. CO_2 / 3. Andere, gering/nicht beeinflussbare Treibhausgase sowie anthropogene Verdunstung/ 4. „Zivilisationswuchern", insbesondere Umwandlung von Naturräumen in Nutzräume und -flächen sowie Übernutzung des Grundwassers / 5. Ozonschwund / 6. Schwund des Erdmagnetfeldes.

	Quellen der Erwärmung / *Lösungen*	Anthropogen	Relevanz	*Strato-Energie*	*Reflexion*
1.	Verbrennungswärme	X	I	X	-
2.	CO_2	X	III	X	-
3.	Andere Treibhausgase	x/N	III	X	X
4.	„Zivilisationswuchern"	X	III	X	X
5.	Ozonschwund	x/?	I?	-	X
6.	Schwund des Erdmagnetfeldes	Nein	I?	-	X

Von der wachsenden Bedeutung einer Selbstverstärkung einmal abgesehen, bewirken 1 und 4 einen verstärkten Eintritt in die bzw. Verbleib von Wärme in der Atmosphäre, letzteres aufgrund des Schwindens natürlicher Speicher in der Biosphäre und im Wasserhaushalt der Böden. 2 und 3 verzögern den Austritt der Infrarotstrahlung und erzeugen damit den Wärmestau. Schließlich erhöhen 5 und 6 die Zufuhr externer Strahlung.

Drei Kernprozesse verantworten also wesentlich den Temperaturanstieg und damit die Klimaveränderung:

> Vermehrte Wärmezufuhr durch Verbrennung/ schwindende Speicherung im Boden und in der Vegetation, dadurch Verbleib in der Luft(1,4),
> Wärmestau durch Klimagase (2,3),
> verstärkte externe Strahlung (5,6).

Deren Zusammenwirken bewirkt die bedrohliche Veränderungsdynamik. Der Weltklimarat (IPCC) stellt dies für 5. in Abrede. Die Begründung bleibt allerdings unzureichend. => Anh. 5: Ozonloch und Magnetfeld]. Das Erdmagnetfeld (6.)findet zudem keine Erwähnung.

Die Klimaveränderung lässt sich nun nach Grund und Wirkung in einer "Formel" darstellen:

> SE (Summierte Energiezufuhr [1,5,6]) +
>
> VA (Verzögerte Abfuhr/Abstrahlung [2,3,4]) =
>
> TA (Temperaturanstieg):
> 3 % => 8° C/K bis 2100

Auf 1 und 2 lässt sich durch Substitution unmittelbar einwirken, jedenfalls im Sinne des Emissionsstopps. 3 und 4 sind nicht oder allenfalls langfristig durch umfassende

Verhaltensänderung zu beeinflussen. In dem Maße aber wie die Beeinflussbarkeit, also ein Ansetzen an der Verursachung schwindet, kann weder Substitution noch Verzicht helfen. Dann bleibt nur noch das Instrument der Folgenabwehr durch Reflexion, zudem das vermutlich einzige Mittel gegen 5 und 6.

CO_2 hat als direkt beeinflussbares Klimagas an deren Gesamtheit geschätzt zu einem Viertel, vielleicht bis zu einem Drittel Anteil. Über alle Bedrohungen (natürliche Verdunstung) hinweg ist der Anteil noch spürbar geringer einzuschätzen. Allerdings wird mit einem konsequenten Umstieg auf emissionsfreie Energiegewinnung durch PV oder WKA ein etwas größerer Beitrag zur Abwehr geleistet, weil gleichzeitig die direkte Wärmeemission aus Verbrennungsprozessen zum Erliegen kommt. Installationen in der Tropopause entlasten zudem durch Flächenfreistellung und Transportreduktion, wenn der Boden weitgehend von der Energieerzeugung und -bereitstellung befreit wird. Allein die massenhaften Öltransporte in den Meeren stellen eine enorme Umweltbelastung dar.

Die Initiativen von FfF, Scientists-for-Future, Klimareporter und den GRÜNEN, von Greenpeace und dem BUND sowie Extinction Rebellion, Last Generation und anderen sind wichtig, ja, unverzichtbar. Und doch vermitteln sie den Eindruck, dass deren eigenes Lösungsverständnis den Rahmen absteckt, innerhalb dessen das Problem vornehmlich wahrgenommen wird. Möglicherweise war CO_2 gewissermaßen der Funken, der den "Brand" ausgelöst hatte. Nun aber haben sich weitere Entwicklungen verselbständigt. Es hat das Zeug zur klassischen Tragödie, wenn durch die Fixierung auf CO_2 die

Herausforderungen in ihren wirklichen Proportionen im Sinne des Eisbergeffekts hinter dem Wahrnehmungshorizont verschwinden. Selbst D. Wallace-Wells, der die Größe der Herausforderung mit ungewöhnlicher Klarheit beschreibt, fällt zur Bewältigung nichts anderes ein. Damit befindet er sich in höchstrichterlicher Gesellschaft. In seinem Beschluss vom 24. März 2021 zum Klimaschutz formuliert das Bundesverfassungsgericht (31):

„Der durch Menschen verursachte Klimawandel lässt sich nach derzeitigem Stand nur durch die Reduktion von CO2-Emissionen maßgeblich aufhalten."

Sowohl im *„nur"* wie im *„maßgeblich"* verfehlt das Gericht fatal die Wirklichkeit. Man muss nicht Dietrich Dörners bitteren Sarkasmus teilen, um darin ein wirkliches Problem zu sehen.[134] In der öffentlichen Diskussion und auch in den Klimainitiativen erweisen sich also drei Kalamitäten:

1. (Selbst?-)Täuschung – in/durch Politik und Wissenschaft bezüglich der Bedeutung von CO_2,
2. Illusion – zur weitgehenden Substitution fossiler und atomarer Brennstoffe in Deutschland,
3. Ratlosigkeit – wie es über die Forderung nach dem „So nicht" hinaus weitergehen soll.[135]

Wie lassen sich diese Kalamitäten überwinden?

zu 1. Vermeidungs-/Verzichtsargumente basiere auf einer Verharmlosung des Problems und greifen zu kurz. Stattdessen sollte eine konstruktive Orientierung eingeschlagen werden: die Suche nach und das Propagieren von Möglichkeiten einer vollständigen Ablösung von emittierenden Energietechnologien mit klaren Konzeptionen.

zu 2. die Einsicht reifen lassen, dass dieses Ziel auf dem Boden in Deutschland nicht zu erreichen ist. Der Flächenbedarf ist zu gewaltig => Kap. 5: *Zuviel Ressourcen – zu geringer Nutzen?]* Es entsteht harte Konkurrenz zu anderen Anliegen und Interessen. Zudem führt ein zusätzlicher Einsatz von Naturflächen zu erhöhten Belastungen im Sinne des „Zivilisationswucherns" und konterkariert das eigene Anliegen.

Zu 3. zweidimensionales Denken überwinden. Die Oberfläche von Planeten mit Atmosphäre ist nicht Fläche, sondern Raum. Mit Windkraftanlagen nähert man sich zaghaft dieser Einsicht. Im Begriff „Standort" offenbart sich aber immer noch die Bodenfixierung. Es gilt, den Raum zu nutzen. Dann wird eine Energiedichte erreichbar, die am Boden unmöglich ist. Zudem entfallen typische Flächen- und Akzeptanzprobleme.

Halten wir einen Augenblick inne und führen uns vor Augen, womit wir es zu tun haben. Die Atmosphäre hat eine Masse von 5 Billiarden Tonnen, das Wasser auf der Erde umfasst 1,5 Trillionen Tonnen. Wenn derartig gewaltige Systeme, früher Wandlungen in Jahrtausenden unterliegend, sich nunmehr im überschaubaren Zeitraum weniger Jahrzehnte erkennbar verändern, wirken Kräfte, denen der Mensch eigentlich nur ohnmächtig gegenüberstehen kann. Was immer wir tun wollen – um gegen das Gefühl der Überwältigung anzukämpfen und um ein absehbares Geschick zu wenden – muss in seinen Dimensionen alles überschreiten, was bisher bewegt oder auch nur gedacht wurde. In diesem Licht sollte man den Streit um die CO_2-Steuer auf sich wirken lassen.

In Fachkreisen wird inzwischen über die Folgen eines globalen Temperaturanstiegs von gegenwärtig noch 15° C um 5° bis 8° C[136] diskutiert – eine Drohung von apokalyptischen Dimensionen. Eines lässt sich heute mit hoher

142

Eintreffwahrscheinlichkeit sagen: In einem guten Jahrzehnt sind allein in der Folge des Temperaturanstiegs Milliarden Menschen zunehmend in ihrer Existenz bedroht.

Ein exorbitanter Anstieg des Meeresspiegels ist demgegenüber eine längerfristig eintretende Folge. Nehmen wir dennoch einmal an, dass das Worst-Case-Szenario eintrifft – das vollständige Abschmelzen des Polareises. Dann ist der Meeresspiegel um annähernd 70 Meter gestiegen. Zeitlich deutlich davor wird jeder, der Paris und London, Tokio und New York, Berlin und Köln besuchen will, eine Tauchausrüstung benötigen. Dänemark, Belgien und die Niederlande existieren faktisch nicht mehr, gleichermaßen Finnland. Weltweit ist die Bevölkerung auf etwa 10 Mrd. gewachsen (oder bereits gestorben), die nutzbaren Flächen sind geschrumpft, und die Meere sind als Nahrungsquelle weitgehend versiegt.[137]

Als Neuseeland im Jahr 2018 den Ausverkauf eigenen Bodens an ausländische Milliardäre stoppte, wurde eine Arche-Noah-Strategie jener offenbar, die den Zusammenbruch unsrer Kultur als reale Bedrohung wahrnehmen und über entsprechende Mittel verfügen. Sie trafen Vorsorge, um weitab vom Schuss den erwarteten Überlebenskämpfen zu entgehen und im sicheren Refugium die Umschreibung der Landkarten auszusitzen.[138] Dabei könnten ihre Ressourcen angesichts der Bedrohung segensreich wirken.

Das sollte Warnung genug für jene sein, die für eine derartige Strategie nicht ausgestattet sind - also etwa 99,9999 Prozent der Menschheit -, sich dem Untergang mit allen Mitteln gemeinsam entgegenzustemmen (in Neuseeland würde es ohnehin für alle zu eng werden). Selbst in der Politik werden die drohenden Gefahren inzwischen hier und da zur Kenntnis genommen. So hat Schleswig-Holstein angekündigt, in den nächsten 80 Jahren die Deiche um drei Meter aufzustocken. Ob damit der Entwicklungsdynamik angemessen begegnet wird?

Immer noch werden Vorstellungen vermittelt, als könne auch nach weiteren Jahren des Abwartens der *„entscheidende Schwenk in der Klimapolitik [...] gerade noch rechtzeitig"*[139] erfolgen. Dergestalt intoniert ein elaborierter Journalismus die vollmundige Parole „Wir schaffen das!"

Nur durch eine Anstrengung, die in ihren Dimensionen der Größe der Herausforderung würdig ist, kann - wenn sie rasch erfolgt - die Schlimmste abgewehrt werden. Der GIGA-Plan hat dieses Format. Mit dem ersten Schritt, der Stratoenergie, werden die ersten beiden Bedrohungen ausgeschaltet. Möglicherweise ist auch die längst nicht ausgeräumte, sondern nunmehr in einem anderen Gewand auftretende, vermehrte Bedrohung des Ozonschwundes durch ein direktes Eingreifen zu stoppen. Aber dafür müsste man die Verursachungen jenseits des FCKW kennen.

Nunmehr braucht es einen Paradigmawechsel. Bedrohungen, deren Ursachen nicht bekannt oder außerhalb des Menschen Zugriffs liegen - andere Klimagase, Erdmagnetfeldschwund - sind mit Nachhaltigkeitspostulaten wie Emissionsfreiheit oder Verzicht nicht zu stoppen. Vielmehr muss zusätzlich eine Strategie priorisiert werden, die direkt auf die Energie zielt.

Das leistet Stufe II – das Reflexionskonzept. Es vermindert die Energieeinstrahlung und wirkt damit direkt auf die Temperaturentwicklung. Zudem ist beiden Ansätzen, Stratoenergie und Reflexion, etwas eigen, was den Verzichtsoptionen fehlt: ein **territorial wirksamer Effekt**. Wer die Anstrengung auf sich nimmt, genießt den Vorteil in Gestalt der Temperaturstabilisierung. Zudem besteht die

144

begründete Hoffnung, aufgrund der Dynamik von entstehenden Temperaturgefällen lange Trockenperioden zu vermeiden. Einzig gegen die Steigerung des Meeresspiegels an den eigenen Küsten kann nur ein globaler Ansatz wirken.

Hans Jonas hat vor einigen Jahrzehnten das „Prinzip Verantwortung" formuliert – Leitgedanke einer Neudimensionierung der Ethik, die den Anthropozentrismus in der Begrenzung auf die eigene Lebensspanne und die eigene Gattung überwindet. Das fordert einen Quantensprung der Einsicht. Hoffentlich wird er erfolgen, wenn im Hier und Jetzt die ultimative Bedrohung der gesamten Menschheit und darüber hinaus allen höheren Lebens Eingang in die Köpfe findet und "gefühlt" wird. Und sei es um der eigenen Kinder und Enkel willen. Ob sich aber diese Einsicht gegen eine verbreitete toxische Melange von Selbstgefälligkeit und Ignoranz durchsetzen kann, sei dahingestellt.

Sollte zumindest die Frage nach dem „Wie" aufkommen, gilt es, doch noch einmal auf eine Aussage Albert Einsteins zurückzugreifen, die zuvor dem Sinn nach, nicht aber im Wortlaut zitiert war.

„Wenn eine Idee am Anfang nicht absurd klingt, dann gibt es keine Hoffnung für sie."

Wer den Dynamiken allein mit einer "vernünftigen" Reduktionsstrategie der Emissionen oder des Verbrauchs hinterhereilt, wird an der apokalyptischen Drohung des Klimawandels scheitern. Zusätzlich und gleichermaßen prioritär bedarf es eines vorauseilenden kompromisslosen Handelns. Denn selbst, wenn die unverbindlichen Zusagen zur Emissionssenkung auf dem Pariser Klimagipfel im Dezember 2015 eingehalten würden, ist das nur ein Anfang. Für sich allein gleichen diese Maßnahmen dem Bemühen, den Waldbrand mit feuchten Tüchern auszuklopfen.

Wenn es bis heute mit Prognosen nicht gelingt, die enorme Dynamik der Entwicklung einzufangen, mag es daran liegen, dass der **„Klimazange"** - verstärkte Energiezufuhr / verzögerte Energieabfuhr (Weltraum, Vegetation/ Boden)[140] - mit linearem Denken begegnet wird. Einmal mehr gilt es, „Grenzsteine zu verrücken"[141]. Das fordert auch, eine gewisse voyeuristische Haltung gegenüber dem wachsenden Elend der Natur, auch in den Wissenschaften, abzulegen.

> Der zunehmend fruchtlose Streit um Ursachen oder Nicht-Ursachen, um anthropogenen oder natürlichen Ursprung, sollte der Priorität eines kreativen konstruktiven Handelns weichen, das dem Temperaturanstieg direkt entgegenwirkt.

Der mit 41° Fiebernde braucht unverzüglich ein das Symptom hemmendes Mittel. Anderenfalls ist er tot, bevor die Ursache angegangen werden kann. Das gilt auch für Planeten.[142]

Zudem dürfen natürlich die weiteren Herausforderungen zur Nachhaltigkeit, sei es die Verschmutzung der Ozeane und der Böden, der Erhalt der Artenvielfalt oder das Schrumpfen der Trinkwasserreserven nicht vernachlässigt werden. Im Übrigen ist im Licht der Klimaproblematik auf die große Bedeutung der Wälder und Graslandschaften sowie auf die kleinräumigen Wasserhaushalte der Böden zu verweisen. Nicht zuletzt zählt deren Leistung, der Umgebung Energie zur pflanzlichen Substanzbildung zu entziehen. Das alles ist bedroht durch das „Zivilisationswuchern". Zumeist kann der Nutzen entsprechender Aktivitäten jedoch erst langfristig zum Tragen kommen und ist überdies vom guten Willen in Ländern wie Brasilien abhängig, die die Regenwälder für den Sojaanbau zur Futterversorgung europäischer Rinder opfern.

Der vorgelegte Plan hingegen wird - dank Win-Win-Situationen - mit seiner Durchführung unmittelbare und zunehmende Wirkungen entfalten durch

I. Etablierung eines Ballonsystems in der Tropopause, um mittels photovoltaisch aktiver Oberflächen potenziell den **gesamten Energiebedarf** zu decken, damit zwangsläufig die CO_2-Emissionen zu unterbinden. Der Investitionsaufwand beträgt über 30 Jahre 50 - 60 Mrd. €/a = 2% des BIP.[143] Spätestens zur „Halbzeit² sind die weiteren Investitionen weitgehend aus steigenden Einnahmen zu finanzieren.

Die Stärke des Ansatzes gegenüber anderen, bodenfixierten Konzepten nachhaltiger Energieerzeugung zur Vollversorgung konnte hinsichtlich des Ressourcenverbrauchs belegt werden. => Kap. 5: Zu viel Ressourcen – zu geringer Nutzen?]

II. Errichtung großflächiger **Reflexionssysteme** in der Tropopause, um die Einstrahlung zu reduzieren bzw. die Albedo zu erhöhen. **Dies in einem Umfang, der den Klimawandel vollständig beherrschbar macht.**

Das Vorhaben sprengt technische und ökonomische Vorstellungen. Dennoch ist es unverzichtbar. Anderenfalls wird der Selbstverstärkungssog der Entwicklung alle Bemühungen zunichtemachen. Einzig die Reduzierung der einstrahlenden Energie kann noch wirken.

III. Stationierung von auftriebsgestützten Systemen in 19 km Höhe als **Startplattformen für die Raumfahrt**,

.1 darauf aufbauend ein Regelbetrieb zu geostationären oder sonstigen Umlaufbahnen,

.2 Einrichtung weiterer Reflexionsanlagen im Weltraum zur Begrenzung und Umkehrung des Temperaturanstieges.

Stephen Hawking folgend, gerät schließlich ein Stück

Utopie ins Blickfeld: die Versorgung mit seltenen Elementen und Mineralien aus dem Asteroidengürtel.

Kurt Gödels Unvollständigkeitssätze legen nahe, dass ein Weltsystem aus einer Binnensicht nicht voll erfassbar ist. So gewinnt der Schritt in den Weltraum über den praktischen Nutzen hinaus eine tiefere Bedeutung. Von außen sehen wir die Welt als ein Ganzes. Das, was rational gewusst, wird durch sinnlichen Eindruck erst empfunden: Die Welt ist begrenzt. Wie sehr, zeigt sich im Zusammenhang von Temperatur und Sterblichkeit.

Temperaturanstieg und Sterblichkeit

14°C Ø Welt heute	+5°C bis 2050	+8°C bis 2080
Tag 30°	35/40 (45)	38/43 (48)
Nacht 18°	23/28	26/31
Tag 40°	45/50 (55)	48/53 (58)
Nacht 24°	29/34	32/37
Tag 45°	50/55 (60)	53/58 (63)
Nacht 27°	32/37	35/40

Klimatote	Mangelnde Umsetzung Pariser Abkommen	Erfüllung Pariser Abkommen	Rasche Umsetzung Stromenergie Stufe 1 + 2
nach 30 Jahren	> 100 Mio.	<100 Mio.	<100 Mio.
nach 100 Jahren	> 2 Mrd.	<2 Mrd.	<300 Mio.
nach 200 Jahren	6 Mrd.	<6 Mrd	<300 Mio.

x/x, x/x = neue regionale Normal-T. (ggf. jahreszeitlich) / wetterbedingt erhöht; (x), (x) = in der Sonne

x = lebensbedrohlich x = lebensfeindlich; Tag = 100% – Nacht = 60%

Die Daten markieren Korridore des zu Erwartenden, um plastische Vorstellungen zu unterstützen und die Gefährdungen greifbar zu machen. Die Tabellen sind getrennt zu betrachten. Die Daten der Zeilen in Tab. 2 sind keine Folge der Zeilen gleicher Höhe in Tab.1.

Nicht wenige werden die erschreckende Konsequenz nüchterner Zahlen nicht akzeptieren wollen. Dies trotz einer noch konservativen Aussage.[144] Darin, im Kassandra-Syndrom, liegt ein gravierendes Problem der Zeit.

Ob Hitze, Durst und Nahrungsmangel, Krankheit oder Krieg – wenn die Welt weiterhin „schlafwandelnd in die Katastrophe" schlittert, wie es der neue Risikobericht des Weltwirtschaftsforums (WEF) formuliert[145], wird es tatsächlich geschehen: Bei ungebremster oder auch nur unzureichend gehemmter Dynamik des Temperaturanstieges innerhalb der nächsten einhundert Jahre werden wohl mehr als zwei Milliarden, im darauf folgenden Jahrhundert weitere drei bis vier Milliarden Menschen sterben (Bewohner der tropischen und subtropischen Zonen, gegenwärtig etwa 6 Milliarden Menschen, zudem die großen Säugetiere[146]).

Wo sind die mächtigen Lösungsideen – also mehr als "feuchte Tücher"? Das ist gewiss arg zugespitzt, entspringt aber der ahnungsvollen Sorge, dass ein zorniges planetares Klimasystem sich nicht allein durch den Verzicht auf Fliegen, Fleisch und Auspuffgase besänftigen lässt. Weitere akzeptable Ansätze zur direkten Temperaturreduktion sind nicht erkennbar.

Das vorgestellte Konzept bietet anders als auf herkömmlicher Technologie basierendem Weltraumprojekte den Vorteil der Machbarkeit. Gegenüber chemischen Verfahren eines „Geoengineering" zeichnet es sich dadurch aus, weitestgehend kollateralfrei und reversibel zu sein.[147]

Es löst zudem das komplexe Problem einer erschöpfenden Erforschung von Ursachen und des endlosen Streits darüber in der Orientierung an einem berühmten mythischen Vorbild. Es zerschlägt den Knoten, indem es den gegebenen und im Weiteren zu befürchtenden Folgen direkt entgegenwirkt, somit dem Disput den Boden entzieht.

Schließlich zielt der Plan wesensbedingt nicht auf Schrumpfung, sondern verleiht Impulse für Aufbruch und Entwicklung. Das ist attraktiver als Verzicht.

Eine besondere Beachtung verdient die geopolitische Situation. So heißt es oft: Was nützt es, dass wir einen großen Aufwand leisten, wenn in China dutzendweise neue Kohlekraftwerke ans Netz gehen? Darin drückt sich eigene Ohnmacht angesichts (möglicherweise) ignoranten Handelns anderer Staaten und Kulturen aus. Die stets unzureichenden Kompromisse internationaler Vereinbarungen zum Klimawandel im Hinblick auf Leistungsumfang und zeitliche Dimensionierung sind in der Tat kaum motivierend für eigene Anstrengungen und auch Opfer.

„Denkt mal kleiner", titelt eine Tageszeitung einen Beitrag, der sich mit dem Scheitern globaler Handelsvereinbarungen auseinandersetzt, und resümiert: *„Es ist derzeit unrealistisch, neue umfassende Regeln für alle zu entwerfen und zu beschließen."*[148] Das Statement könnte wortgleich für die Weltklimakonferenz in Madrid im Dezember 2019 wie auch für die COP 26 in Glasgow im November 2021 gelten. Wenn also die Durchsetzung von Weltformeln nicht gelingt, gilt es, andere Strategien anzuwenden.

Von anderen Ansätzen unterscheidet sich das Stratokonzept durch seine regionale Wirksamkeit. Wenn die Ostsee und angrenzende Gebiete mit Strato-Energiesystemen überspannt werden, die gleichzeitig als Reflexionsebene wirken, ist es möglich, das regionale Klima gegen den globalen Trend zu stabilisieren, im Besonderen hinsichtlich Überhitzung und Regenmangel.

Andere werden folgen, um nicht in Rückstand zu geraten – zumal, wenn es ums Überleben geht. Das gelingende Beispiel wird vielleicht der einzige Weg sein, dass der Klimawandel schließlich doch noch zur Weltaufgabe wird, was immer ihn verursacht hat.

So gilt der Appell einer Doppelstrategie: das eine zu tun Maßnahmen zur CO_2-Problematik zu forcieren, was natürlich weiterhin sinnvoll bleibt. Aber das andere, Planung und Konkretion des Stratoenergie-Konzepts, zunächst in den Stufen I und II, voranzutreiben.

Darin sind die „Leichter-als-Luft"-Technologien zentrale Grundlage der wohl einzigen Strategie, die die heraufziehende Klimakatastrophe hemmen und ein zivilisatorisches Desaster verhindern kann. Denn der GIGA-Plan bewirkt beides: Kollapsabwehr u n d Ursachenbewältigung.

Für die Welt ist es eine einzigartige, jedoch klar definierte und im Grunde bewältigbare Aufgabe. Es bedarf lediglich einer konstruktiven Antwort auf Bertrand Russells Frage, wie *der Mensch zum eigenen Überleben überrede*t *werden* kann.[149]

Nüchtern betrachtet, hat allerdings in den Think Tanks mancher Staaten gewiss schon das Abwägen begonnen, wie man die Katastrophe mit relativem Vorteil überstehen kann und wohin Verluste verlagert werden können. Hinter gemeinsamen Absichtserklärungen werden Aktionspläne entworfen, damit die eigene Nation oder Ethnie als Gewinner aus dem Endspiel der Naturgewalten hervorgeht. Beim Pokern gibt es immer einen Sieger. Ein Szenario, in dem alle verlieren, ist in dieser Denkweise nicht vorgesehen. Doch sollte es nach diesem Spielplan tatsächlich Überlebende geben, werden es nicht die Besten, sondern die Rücksichtslosesten sein.

151

„Wir müssen immer schon handeln, bevor wir wissen," formulierte Immanuel Kant einst das Dilemma, in dem wir uns befinden. Wir können es uns nicht leisten, auf endgültige Erkenntnis für oder gegen was auch immer zu warten. Es gilt den Effekt anzugehen, welcher Quelle er auch entspringt.

„Wie viel werden wir tun und wie schnell?"[150], lautet die Herausforderung. Umso dringlicher gilt es, Projekte durchzuführen, deren positive regionale Effekte den Einsatz auch sehr hoher Mittel rechtfertigen – die damit gleichzeitig einen Deckungsbeitrag zum Weltproblem leisten und durch Nachahmung als „Katalysator" zugunsten einer kritische Masse wirken. Die Chancen stehen jedoch schlecht. Kürzlich hat FfF eine an das Wuppertal-Institut in Auftrag gegebene „1,5°–Studie" vorgestellt. Sie beruht auf drei Kernannahmen, (die bereits „Vor-Annahmen" waren):

- ➤ CO_2 sei das zu bewältigende Hauptproblem,
- ➤ Null-Emission sei das adäquate Mittel,
- ➤ 1,5 ° sei das einzuhaltende Ziel (wo doch bereits 2 ° überschritten sind).

„Gut gemeint ist noch nicht gut", lautet ein Bonmot in der Politik. Leider ist es auch hier so. Unterkritische Ansätze können nur zu unterkritischen Lösungen führen.

Bereits vorzeitlichen Gemeinschaften war es möglich, letztlich zugunsten des zivilisatorischen Aufstiegs der Menschheit, mittels Ochsen, Flaschenzug und Handarbeit effektive „Wasserkultur" mit Terrassen, Staubecken und Kanälen zu betreiben. Da sollte es doch einer hochtechnischen Zivilisation gelingen, eine vergleichbar wirksame „Wetterkultur" auf einer höheren Etage zu etablieren.

Ein Prolog als Epilog

Im Jahr 1866 verließ in London die „Great Eastern" die Pier. Mit mehr als 200 Metern viermal so lang wie jegliches bislang gebaute Schiff, diente sie einem ungewöhnlichen Auftrag: durch den Atlantik über eine Länge von 3.000 Meilen ein Telegrafenkabel zwischen Irland und Neufundland zu verlegen.

Bereits in der vor-napoleonischen Zeit hatte man begonnen, den europäischen Kontinent mit optischen Telegrafensystemen zu erschließen. Bald darauf war die Verkabelung für eine zeitverlustfreie Nachrichtenübertragung möglich geworden.

Im Jahr 1811 war es gelungen, elektrische Signale durch einen in Kautschuk gelagerten Draht zu schicken, der bei München durch die Isar verlegt worden war. Diese frühen Versuche krankten jedoch vor allem an geeigneten Isolierungen. Erst eine Erfindung von Werner Siemens[151] im Jahr 1847 machte für die Unterwasserverlegung ausreichend geschirmte Kabel möglich.

England war seit 1851 an Festlandeuropa angeschlossen. Nun aber stellte sich die Überwindung des Atlantiks als gewaltige Herausforderung. Unzureichende Technik sowie menschliches Versagen führten in ersten Versuchen in den Jahren 1857 und 1858 zu Fehlschlägen. Immerhin hatte man verstanden: Die Verbindung musste als ein durchgehendes Kabel gefertigt werden.

1866 war es soweit und nur die riesige Great Eastern war imstande, das gesamte 3.000 Meilen lange Kabel in einem Stück aufzunehmen, und allein die Verladung des Kabels währte fünf Monate. Nach einem weiteren Fehlschlag wurde dennoch im selben Jahr die erste dauerhaft funktionsfähige Kabelverbindung zwischen Europa und Amerika hergestellt.

Die einzelnen Fasern des Kabels aneinandergereiht, hätten einen Draht von 367.000 Meilen Länge ergeben – weit mehr, als eine Verbindung zwischen Erde und Mond benötigen würde.

„Seit dem Turmbau zu Babel hatte die Menschheit im technischen Sinne nichts Grandioseres gewagt."[152]

Und es war die unerschöpfliche Energie eines n Mannes, der durch alle Rückschläge und finanziellen Einbußen hindurch der gewaltigen Idee vom ersten Schritt bis zum Durchbruch vertraut hatte: ein Nichttechniker namens Cyrus W. Field.

Dem ersten Atlantikkabel folgte eine rasante Ausweitung der submarinen Telegrafie. Bereits Mitte der 1870er Jahre, nur zehn Jahre später, konnte im Prinzip jeder Ort auf dem Globus, sei es Indien, Australien, Brasilien oder Südafrika, von Europa aus telegrafisch erreicht werden. 30 Jahre nach der Pionierleistung waren weltweit insgesamt eine Million Kilometer Unterseekabel verlegt.

Mit der gleichen Energie und Zielstrebigkeit sollte der GIGA-Plan, sollten die Potenziale der Stratoenergie und des Reflexionskonzepts wahrgenommen werden. Im Paradies ist Wunscherfüllung den Dingen inhärent. Deren Äquivalent auf Erden ist Machbarkeit. Sie findet sich, indem man Dinge machbar macht.

Epilog II

Wer unter befragten Passanten in den Berliner Straßen im Jahr 1910 hätte sich wohl vorstellen können, dass wenige Jahre später allein in der Schlacht um Verdun eine Millionen Menschen ihr Leben verlieren werden? Und wer hätte sich zwanzig Jahre später, im Jahr 1932, vorstellen können, dass eine Dekade später 55 Millionen Menschen in Europa umkommen werden, in der Folge von Krieg und Genozid, betrieben durch das eigene Land? Immerhin gab es in beiden Situationen keine Kassandra, die das Kommende in seinen tatsächlichen Dimensionen ausgemalt hatte. Das ist heute anders. Doch immer noch zögern insbesondere Politiker, die sich anbahnende Katastrophe in ihren vielfältigen Ursachen, ihrer realen zeitlichen Dynamik und in ihrer apokalyptischen Dimension darzustellen. Das, obwohl sich viele dessen bewusst sind, was eigentlich auf dem Spiel steht.

In der öffentlichen Diskussion wird das praktisch schon geschlossene Zeitfenster wie auch der notwendige Umfang der Maßnahmen aus der eigenen wie aus der Wahrnehmung anderer ferngehalten oder nur oberflächlich erwähnt. Man macht sich Sorgen, dass eine CO_2-Steuer (so unzureichend sie auch sein wird) die Wirtschaft hemmen könnte. Die Vorstellung, dass in 50 Jahren Wirtschaft im heutigen Verständnis möglicherweise nicht mehr existiert, ist nicht zugelassen. Dabei wird allein der weitgehende Niedergang des Überseehandels aufgrund abgesoffener Häfen die hochkomplexen globalen Wertschöpfungsketten und Warenströme zerstören. Flüchtlingsströme in Milliarden und Kämpfe um die Flächen des Nordens bei Einsatz von Atomwaffen – all das ist realistische Möglichkeit.

Man versetze sich in folgendes Szenario: Wir schreiben das Jahr 2040. In China, im Süden noch tropisch und bis zur Höhe von Peking subtropisch, leiden weit mehr als eine Milliarde Menschen unter Sommertemperaturen um 50° C im Schatten. Was mag ihnen durch den Kopf gehen, wenn sie sich vorstellen, wie es sich in Sibirien unter besseren klimatischen Verhältnissen leben ließe – in einem Gebiet, deutlich größer als China und besiedelt von weniger als 40 Millionen Menschen? Und was werden wohl Russen fürchten, wenn sie sich vorstellen, was Chinesen durch den Kopf geht?

Wenn Trumps Mauerpläne einst Entrüstung auslösten, wird eine solche geschlossene Barriere zwischen den USA und Mexiko in spätestens zwei Legislaturperioden existieren – unabhängig von republikanischer oder demokratischer Präsidentschaft. Und im Kaschmir ging es in Wirklichkeit vielleicht um ein "Neuseeland" für die indischen Eliten![153]

Das Mittelmeer wird zu einem Meer der Tränen. Die noch größere Tragödie könnte sich jedoch vor den eigenen Haustüren abspielen. Wenn sich die Prognosen bewahrheiten - dass die Anliegerstaaten des Mittelmeeres sich in mehr oder weniger großen Ausmaß in Wüsten verwandeln -, sind um 200 Mill. EU-Bürger bedroht. Dann sind angesichts der Freizügigkeit Wanderungsbewegungen im zweistelligen Millionenbereich in den Norden zu erwarten. Europa wird daran zerbrechen.

Wer darin eine überzogene Dramatisierung sieht, sollte sich vor Augen führen, dass es erdgeschichtlich gesehen vor kurzem Phasen gab, in denen innerhalb von 10 Jahren die Temperatur um bis zu 12 Grad gestiegen ist. Die große Katastrophe kann viel rascher über uns kommen als es bisher in den offiziellen Kommuniqués von Politik und Wissenschaft verlautbart wird.

Es gibt wohl nur einen Weg, solche Szenarien abzuwenden. Diesen! Nur der rasche Ausbau der in den Stufe I und II beschriebenen Systeme kann vor dem Zusammenbruch menschlicher Zivilisation bewahren.

Wer wird das bezahlen? Wer sagt, dass die Menschen sich weigern werden, derartige Lasten auf sich nehmen, will sich aus der Verantwortung stehlen. Nein! Natürlich wird man in einer Gesellschaft, in der 6 Bill. Euro in verschiedenen Formen auf Bankkonten und in Depots herumliegen und nicht recht wissen, wofür sie gut sind, 1,5 Bill. Euro für die erste Stufe mobilisieren können. Japan ist darin ein Beispiel.[154] Man muss nur ein Gefälle schaffen, das den Strom in die gewünschte Richtung leitet. Etwa so: Erstens wird eine allgemeine Vermögenssteuer von 0,5% erhoben. Zweitens werden Zinseinnahmen der regulären Einkommensteuer unterworfen. Drittens werden Einlagen ins Projekt mit 1% (oder einem anderen zeitgemäßen Satz) verzinst. Viertens bleiben sowohl die Zinserträge als auch das eingebrachte Vermögen unversteuert. Das erforderliche Kapital dürfte binnen kurzem aufgebracht sein.

In Zeiten großer Krisen befindet sich die Wahrheit - die der Wirklichkeit konforme Notwendigkeit - gewöhnlich nicht in den Köpfen der Mehrheit. Darin liegt die eigentliche Herausforderung der Politik: zu wissen, wann die Saison der Partialinteressen und lauen Kompromisse einer Ära vorausschauender konsequenter großer Taten weichen muss. Jedoch wer wagt es, vor das Volk zu treten und wie einst W. Churchill mit einer „Blood, Sweat and Tears"-Rede die Menschen auf notwendige Zumutungen einzuschwören? Nicht zuletzt ist es diese Sorge, die den Autor getrieben und manche zugespitzte Formulierung provoziert hatte: dass die Einsicht erst reift, wenn es bereits zu spät ist – wenn die Ordnungen sich auflösen und keine Autorität mit Ressourcen und Durchsetzungsvermögen mehr existiert, um das Steuer doch noch herumzureißen.

Doch was wird es letztlich nützen? Das Leben basiert auf den elementaren Prinzipien „Selbsterhalt" und „Fortpflanzung". Seiner Natur gemäß im Ungleichgewicht, bedarf es permanenter Energiezufuhr, die der Außenwelt entzogen wird (bei bewusstem Tun gegen andere sprechen wir von Ausbeutung[155]). Zudem verstetigt es sich durch Vererbung. Der Begriff der Vermehrung verweist auf die Überschussstrategie, die die Nachfolge sichern soll. Da alle Gattungen so verfahren, hemmen sie sich gegenseitig in ihrer Verbreitung, suchen durch Diversifizierung dem Duck zu entgehen und bewirken auf diese Weise Artenvielfalt zum Nutzen aller.

Der Mensch hat diese Fesseln mittels Technik und reziproker Akkomodation[156] abgestreift, unterliegt aber weiterhin den Elementarprinzipien. Ist die akute Gefahr einer Klimakatastrophe gebannt, steht er vor der Herausforderung, alsbald zur Selbstbeschränkung - im Besonderen in der eigenen Vermehrung - zu gelangen.[157] Anderenfalls geht alles von vorn los.

Anhang 1: **Eisschmelze und Wasserstand**

Während der Eiszeit lag der Meeresspiegel annähernd 120 Meter tiefer als heute, und man konnte England trockenen Fußes erreichen wie auch Tasmanien von Australien aus.

Der Anstieg nach Ende der Eiszeit hatte bereits vor 6000 Jahren bewirkt, dass England vom Festland abgeschnitten wurde. Vor etwa 2000 bis 3000 Jahren war die Erhöhung des Meeresspiegels faktisch abgeschlossen. Verteilt auf 10.000 Jahre, bedeutet das einen durchschnittlichen Anstieg um 12 m pro Jahrtausend – also das Sechsfache dessen, was die MPG[158] für die Zukunft als gegeben erachtet. Worauf könnte sich deren Aussage dennoch stützen?

„Der Meeresspiegel hat sich in den letzten 2000 bis 3000 Jahren um nicht mehr als 25 cm auf Zeitskalen von mehreren Jahrhunderten verändert, während er allein im 20. Jahrhundert um fast 20 cm bzw. 1,7 mm/Jahr gestiegen ist. Seit Beginn der Satellitenmessung betrug der Anstieg sogar 3,2 mm/Jahr, was einem Anstieg über 100 Jahre um 32 cm entsprechen würde. D.h. die Anstiegsrate ist beschleunigt.[159]

Aus schwer nachvollziehbaren Gründen hat die MPG den Stand der Entwicklung im frühen 20. Jahrhundert als Aufsatzpunkt einer spekulativen Vorausschau auf zwei Jahrtausende gewählt. Die sich bereits abzeichnende Dynamik wurde nicht berücksichtigt.

Anhang 2: **Treibhauseffekt der Skeptiker**

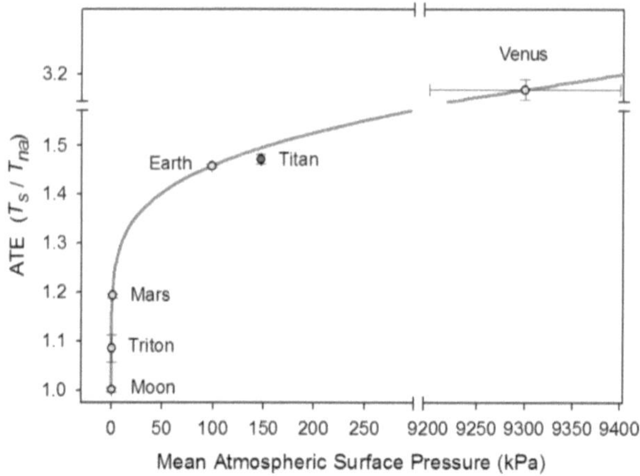

„In dieser Graphik ist die gemessene globale Gleichgewichtstemperatur an der Oberfläche eines planetarischen Körpers dargestellt beim Fehlen einer Atmosphäre. Das auf der vertikalen Achse dargestellte Verhältnis repräsentiert den Atmosphärischen Thermischen Effekt (ATE) eines Planeten oder Mondes, auch bekannt unter dem Terminus Natürlicher Treibhauseffekt. Die Graphik impliziert, dass der thermale Hintergrund-Effekt (d. h. der ‚Treibhauseffekt‘) einer planetaren Atmosphäre NUR eine Funktion des Gesamtluftdrucks ist und nicht von der Zusammensetzung der Atmosphäre abhängt. Mit anderen Worten, der Treibhauseffekt ist physikalisch eine „pressure-induced thermal enhancement" (PTE) [etwa: eine durch den Druck induzierte thermische Verstärkung] und NICHT ein Strahlungsphänomen, welches getrieben ist durch Infrarot-Strahlung absorbierende Gase wie gegenwärtig angenommen. Folglich können Kohlenstoff-Emissionen das globale Klima nicht beeinflussen. Die Klimasensitivität der Erde (ECS) gegenüber CO_2 ist nahezu Null!"

Quelle: https://www.eike-klima-energie.eu/2017/03/17/ein-neues-paradigma-fuer-die-klimawissenschaft-ist-co2-ist-unschuldig/

Anmerkung: Ungeachtet einer möglichen Korrektheit des Arguments erscheint es abenteuerlich, angesichts einer derart groben Datenlage eine Temperaturabweichung von 1 bis 3 Prozent aus anderen Gründen auszuschließen.

Anhang 3: Die „Keeling -Kurve" – Langzeitlicher CO_2-Anstieg

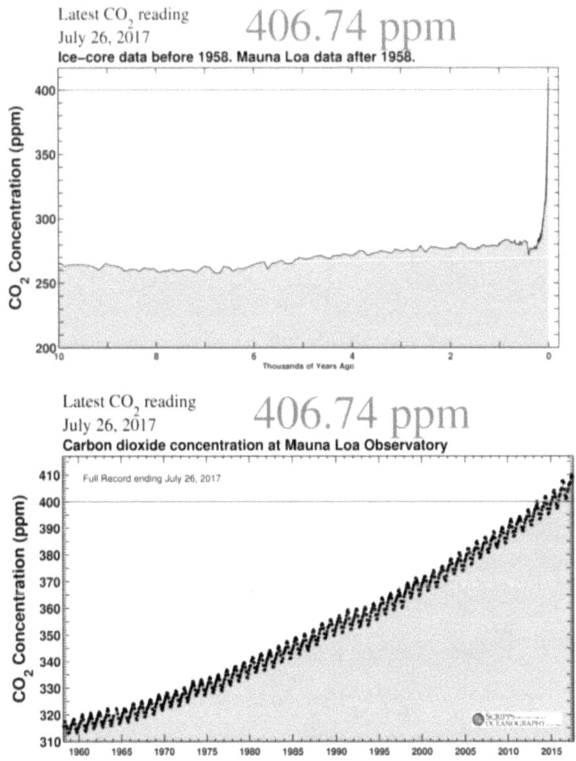

Der Chemiker Charles David Keeling hat seit 1958 mit seinen Messreihen auf dem hawaiianischen Vulkan Mauna Loa wesentlich das Verständnis über die Klimagase und insbesondere der Rolle des CO_2 geprägt. Die Kurve ist bis heute Basis wissenschaftlicher Argumentation.

Anhang 4: **Aktivitäten zur weltraumgestützten Solarenergiegewinnung**

(SPS = solar power satellite)

SPS-Studien		SPS-Experimente	
1890	• erste Überlegungen von K. Ziolkowski und N. Tesla, 1923 H. Oberth	1958	• erster Satellit mit Solarzellen (Vanguard I, USA)
1968	• P. Glaser: „Power from the Sun: Its Future" [GLASER 68]	1964	• Mikrowellen-angetriebener Hubschrauber (W.C. Brown) [BROWN 97]
1975	• AEG/GfW-Studie zu Sonnenenergie-Satelliten [AEG 75]	1975	• 30 kW -Energieübertragung über 1 Meile, Goldstone, USA [BROWN 97]
1977-80	• SPS Concept Development and Evaluation Program (CDEP) [DOE 80, NASA 80, NASA 81]		
1979	• ESA/TUB: Study on European Aspects of SPS [RUTH 79]	1983	• Erste (Mikrowellen-) Energieübertragung im Weltraum (MINIX, Japan)
1985	• Criswell/Waldron: Lunar Power System (LPS) [WALDRON 85, CRISWELL 92]	1987	• Erstes Mikrowellen-angetriebenes Flugzeug (SHARP, Kanada)
1988	• MBB/ERNO: Globales Solar-Energie Konzept [BUDA 89]	1991–	• SPS 2000-Studie [NAGATOMO 93]
1991	• SPS '91 - Power from Space Conference, Paris [SPS 91]	1992	• Mikrowellen-angetriebenes Flugzeug (MILAX, Japan)
1992	• ISU: Space Solar Power Program [ISU 92]	1993	• 800 W-Mikrowellenübertragung im Weltraum (ISY-METS) [KAYA 93]
1993	• Buch: SPS, The Emerging Energy Option, P. Glaser et al. [GLASER 93a]	1993	• Erdbeleuchtung durch Spiegel im Orbit (Rußland)
1995-97	• NASA „Fresh Look" [STANCATI 95, COMSTOCK 97, CHRISTENSEN 96]	1995	• Mikrowellen-angetriebener Zeppelin, Kobe, Japan
1997	• SPS '97 Space Power Systems Conference, Montreal [CASI 97]	1996	• Tethered Satellite System Reflight [NASA 96]
1998–	• Space Solar Power Internet Workshop (SSPW) [SSPW 98]	1998	• Beginn des ISS-Aufbaus (http://station.nasa.gov)
1999	• Neue US-Studie, $20M [HOUSE 98]	1999	• Russisches Weltraum-Spiegel-Experiment [ZNAMYA 99]

Tab. 1: SPS-Chronologie: Studien und Experimente.

Quelle: Michael Klimke a.a.O., S. 19

Anhang 5: **Verdunstung und Kondensation**

Wasserdampf wie auch CO_2 sind Substanzen, die in Kreisläufen umgeschlagen werden: zum einen durch Verdunsten/Verdampfen sowie Kondensierens. Beim CO_2 handelt es sich um Freisetzung sowie Resorbtion in den Senken der Meere und des Pflanzwuchses. Die Gesamtemission seit 1850 bis 2013 in Höhe von 2.500 Gigatonnen CO_2 (davon fast 90% seit 1945) wurde mit 1500 Gt, also 60 Prozent, von Meeren und Pflanzenwuchs resorbiert, Tag für Tag. Wie lange einzelne CO_2-Moleküle in der Atmosphäre verbleiben, ist kaum zu bestimmen. Generell hängt es vom Sättigungsgrad der Senken ab. Beim Wasser ist es die Temperaturdifferenz zwischen Tag und Nacht.

Beträgt die absolute Luftfeuchtigkeit 15 g/m³ bei 30° C, gilt eine relative Feuchte von 50%. Sinkt die Temperatur auf 18° C, ist sie auf 100% angestiegen. Damit ist der sog. Taupunkt erreicht, nunmehr setzt die Kondensation ein. Bei geringer Luftfeuchte ist also die Temperaturdifferenz zwischen Stabilität und Taupunkt höher und umgekehrt. Nun steigt die Aufnahmefähigkeit der Luft mit jedem Grad um 7%. Die reale Aufnahme beträgt jedoch gewöhnlich nur 2 bis 3%. D.h., die gestiegene Kapazität wird nur zu einem Drittel ausgeschöpft. Damit sinkt die relative Feuchtigkeit um die Differenz von etwa 4.5 Prozent. Zugleich wächst die Temperaturspanne mit stabiler absoluter Feuchtigkeit. Die Verweildauer von Wasserdampf wird so gesteigert.

Mit dem Klimawandel ist die Differenz in unseren Breiten gestiegen. Im Durchschnitt liegt sie heute bei ca. 5 Grad. Angesichts steigender Temperaturen und tendenziell sinkender Luftfeuchtigkeit erhöht sich somit die Verweildauer von Wasserdampf in der Luft.

Anhang 6: **Ozonloch und Erdmagnetfeld**

In den 1930er Jahren zunächst für industrielle Anwendungen entwickelt, gelangte FCKW ab den 1950er Jahren vor allem in den Kühlschränken der komfortabler werdenden Privathaushalte zum Masseneinsatz. In dieser Zeit wurde erstmals über eine Veränderung in der **Ozonschicht** berichtet, blieb seinerzeit aber unbeachtet. Das änderte sich in den 1970er Jahren. Der Effekt wurde nun als „antarktisches Ozonloch" bekannt und bald auf die Verursachung durch FCKW zurückgeführt. Zunächst einige Mill. km² groß, umfasste es in den 1980er Jahren bereits 20 Mill. km² und löste große Besorgnis aus. Dank einer bis dahin einmaligen internationalen Aktion wurde binnen kurzem eine globale Vereinbarung getroffen. 1990 verständigte man sich auf ein weltweites FCKW-Verbot, das sukzessiv umgesetzt wurde.

Zunächst schien die Emission gestoppt und in der Atmosphäre wurde eine leichte Abnahme verzeichnet. Dann aber brach die Erholung ab, und es wurde eine erneute Zufuhr festgestellt. Als Verursacher galten u.a. chinesische Fabriken, die in der Wirkung vergleichbare Substanzen (<u>Distickstoffmonoxid</u>: „Lachgas") für die Herstellung von Flachbildschirmen und Bauelementen der Computerbranche einsetzten.

Es fällt auf, dass in Deutschland und weltweit der Temperaturanstieg deutlich an Dynamik gewann, nachdem das Ozonloch in Erscheinung getreten war. Koinzidenz oder Kausalität? Wachsende Treibhausgasemissionen u n d die erhöhte Energiezufuhr u.a. aufgrund des Ozonschwunds könnten gemeinsam als Verursacher für den Klimawandel gelten.

Wie die Dynamik der Entwicklung die Wissenschaft immer wieder überraschen kann, zeigt sich mit folgendem Zitat aus dem Jahr 2007: *„Auf der Grundlage aktueller Modelle ist es sehr unwahrscheinlich, dass in der Arktis ein ähnliches Ozonloch entsteht, wie es derzeit über der Antarktis beobachtet wird."*[160] Vier Jahre später, 2011, gab es erste Hinweise auf dieses Phänomen, 2020 war es unübersehbar.

2016 erreichte das antarktische Loch seine bislang größte Ausdehnung auf 26 Mill. km². Die Verringerung bis 2019 auf die Größe von 1989 nahm der „Spiegel" zum Anlass, Entspannung zu verkünden.

Vermutlich zu früh. Zum einen war dies just die 1989er Ausdehnung, die große Sorge und rasche Reaktionen ausgelöst hatte. Da wirkt es seltsam, wenn derartige Verhältnisse nun als Anlass zur Entwarnung dienen. Vor allem aber erweist sich die Recherche als unzureichend. 1974 lag die Ozonverdünnung - als Loch bezeichnet - bei unter 10 Prozent in einem "Loch" von ca. 5 Mill. km². Bereits 1990 hatte waren es - bis zur Gegenwart – in einem mehrfach größeren Gebiet (20 Mill. km²) 50 Prozent! Drastisch mehr UV-Strahlung ist dort in die Atmosphäre eingetreten und der Schutz entsprechend gesunken.

Es handelt sich um UV-B – jene Strahlung, die Sonnenbrand auslöst. Deren Anteil an der Gesamtstrahlung beträgt 1 Prozent. Auf den gesamten Planeten bezogen, macht das Mehr an Strahlung unter Einbezug der Ränder angrenzender Frequenzbereiche ein Promille aus. Das mag als eine vernachlässigbare Größe erscheinen. Dazu eine Metaphorik.

> *Im ideal konstruierten Waschbecken herrscht ein Fließgleichgewicht zwischen zulaufendem und ablaufendem Wasser. Es kann nicht mehr Wasser zulaufen als abläuft. Wenn nun aber pro Minute ein einzelner Tropfen zusätzlich zufließt, wird das Gleichgewicht durch diesen einen Tropen (mit einem Volumen von einem mL) im Zeitverlauf nachhaltig gestört. Das Waschbecken wird nach sieben Tagen überlaufen.*[161]

So wirkt auch eine minimal erhöhte Energiezufuhr, zumal bei gleichzeitig vermindertem Abfluss, ohne Ausgleichsfaktoren mit der Zeit störend auf ein stabiles Klimasystem. Die gegenwärtige Marginalisierung sich solcher summierenden Energiezuwächse ist kritisch zu betrachten.

Zudem wirkt ein weiterer Fakt beunruhigend. Das polare Ozon befindet sich in eine Höhe zwischen 30 und 40 km. Die weitaus größere Menge des Ozons ist jedoch zwischen 20 und 25 km Höhe gelegen. Dort breitet es sich über den Tropen, den Subtropen und über den gemäßigten Zonen aus. Auf dieser Ebene lichtet sich nun das Ozon breitflächig – und trotz einiger Hypothesen lässt sich gegenwärtig keine Ursache benennen. FCKW oder verwandten Substanzen sind es jedenfalls nicht. Möglicherweise geschieht es unabhängig von menschlicher Einwirkung. Dann wären wir einer nicht beeinflussbaren erhöhten Energieeinstrahlung ausgesetzt.

Der IPCC bestreitet einen temperatursteigernden Effekt:

„Die verringerte Ozonkonzentration kühlt die Stratosphäre, da die UV-Strahlung dort nicht mehr absorbiert wird, wärmt hingegen die Troposphäre, da die UV-Strahlung an der Erdoberfläche absorbiert wird und diese erwärmt. Die kältere Stratosphäre schickt weniger wärmende Infrarotstrahlung nach unten und kühlt damit die Troposphäre. Insgesamt dominiert der Kühlungseffekt."[162]

Immerhin wird Ozon nach Wasserdampf und CO_2 und neben Methan als drittwichtigster Klimafaktor benannt. Allerdings stützt der IPCC sich lediglich auf eine Quelle. Im ursprünglichen Material war eine weitere Quelle dargestellt.

Diese zweite Quelle[163] beschreibt die Verhältnisse zunächst ähnlich, gelangt aber aufgrund einer erweiterten Sicht der chemischen Vorgänge zur gegensätzlichen Folgerung:

„Die Summe aus beiden Effekten, nämlich Ozonabbau und Treibhauswirkung der Vorläufergase der ozonabbauenden Substanzen (ist) noch Treibhauseffekt erhöhend also erwärmend."

Im Übrigen dürfte die zum Boden vordringende UV-Strahlung klimawirksamer sein, spielt sich doch die Umwandlung in Wärme in den unteren Atmosphäreschichten ab – anders die Stratosphärenwärme, die zunächst die angrenzende kalte Tropopause erwärmt und sich dabei "verbraucht".

Es sei daran erinnert, dass bis zum Aufbau der Ozonschicht vor 700 Mill. Jahren wegen der hohen Strahlenbelastung u.a. durch UV-B kein Leben auf den Landflächen der Erde möglich war. Und auch in der Zeit vor dem Ozonloch bekam man Sonnenbrand. Zwar hält Ozon kaum mehr als ein Prozent der gesamten Sonnenstrahlung zurück. Dennoch hat dieses eine Prozent den Unterschied zwischen Leben und Nicht-Leben auf dem Festland der Erde ausgemacht!

Die beiden Quellen stammen aus dem Jahr 2007. Inzwischen sind beunruhigende Klimadynamiken spürbar geworden. Das hat aber den IPCC nicht dazu bewogen, das Feld möglicher Einflussfaktoren noch einmal zu sondieren mit der Maßgabe, möglicherweise eine Revision bis dahin relevanter Ursachenvorstellungen vorzunehmen. Andere sind darin weiter und pflegen das Prinzip Hoffnung:

„Das Ozonloch schrumpft weiter und könnte sich nach Einschätzung von Forschern in vier Jahrzehnten geschlossen haben. [...] Wegen des Ozonlochs gelangt mehr UV-Licht auf die Erdoberfläche. Wenn es sich weiter schließt, dürfte dadurch auch die Erderwärmung zurückgehen."
Quelle: Weltwetterorganisation (WMO)/UN-Umweltprogramm (Unep)[164]

Zudem wird versäumt, dem **Erdmagnetfeld** als Schutzschirm der Erde die ihm zukommende Bedeutung beizumessen. Es bewirkt, dass die Partikelstrahlung der Sonne und aus dem Kosmos großenteils nicht die Erde erreicht. Vielmehr wird sie in den Van-Allen-Gürteln in 600 bis 60.000 km Höhe abgefangen und um den Planeten gelenkt.

Um welche Größenordnungen es dabei geht, kann ein Vergleich deutlich machen. Der Mensch nimmt im Jahresdurchschnitt 2,5 Millisievert (mSv) radioaktive Strahlung auf, im Verlauf von 80 Jahren also 200 mSv. Die gleiche Strahlungsmenge wird ihm auch in Bereichen des unteren Gürtels zuteil – in einer Stunde: Es handelt sich um die 700.000fache Dosis.

Mit dem Magnetfeld verhält es sich ähnlich wie mit der Schwerkraft der Sonne. Diese ist so stark, dass es selbst dem gewaltigen Binnendruck nicht gelingt, sie zu überwinden. Nichtsdestoweniger entweicht in jedem Augenblick eine geringfügige Menge dieser Energie und erhellt beispielweise als Licht das Planetensystem.[165]

So entwindet sich auch dem Strahlengürtel der Erde eingestrahlte Energie. Bei einem sich abschwächenden Magnetfeld wird demnach mehr Partikelstrahlung die Erde erreichen. Dringen deren Teilchen mit hoher Geschwindigkeit in die Atmosphäre ein, wird spätestens bei Kollisionen am Boden kinetische Energie in Wärme gewandelt.

Wird dieser Effekt in den bisherigen Klimadiskussionen berücksichtigt? Zu den externen Energieeinstrahlungen wird gern argumentiert, dass die mögliche Einstrahlungsveränderungen zu gering seien, um Klimaeffekte auszulösen. Stattdessen wird auf die CO_2-These fokussiert. Jedoch

„strahlt die Sonne ihre Energie keineswegs konstant ab. Satellitenmessungen haben innerhalb des elfjährigen Sonnenfleckenzyklus Schwankungen der Solarkonstante um etwa 0,1 Prozent nachgewiesen.

Dieser Schwankungswert gilt eigentlich als zu gering, um einen spürbaren Einfluss auf das Erdklima ausüben zu können. Doch fand sich 1991 ein deutlicher statistische Zusammenhand

*zwischen langfristigen Schwankungen der Sonnenaktivität und
der mittleren Temperatur auf der Erdoberfläche.*"[166]

Wenn also der Ozonschwund eine vermehrte Energiezufuhr von 0,1 bis 0,5 Prozent bewirkt und das Erdmagnetfeld bisher um mindestens 9 Prozent geschrumpft ist, handelt es sich wohl um durchaus klimarelevante Entwicklungen. Die öffentliche Diskussion sieht darüber hinweg. Dies, obwohl inzwischen zwei Dutzend Dansgaard-Oeschger-Ereignisse nachgewiesen sind: Temperaturanstiege bis zu 12 Grad innerhalb eines Jahrzehnts!, obwohl keine drastischen Veränderungen des Energiehaushalts der Erde erkennbar waren.[167]

Überrascht hatte der unerwartet starke Temperaturanstieg an den Polen. Als Erklärung gelten Meeresströmungen:

*[…] dass die Temperaturen des Atlantikwassers, das zu Beginn
des 21. Jahrhunderts in den Arktischen Ozean gelangt, in den letzten 2000 Jahren beispiellos sind und vermutlich mit der arktischen
Verstärkung der globalen Erwärmung zusammenhängen[168].*

Doch ist dies die alleinige Erklärung? Über den Polen ist der Strahlengürtel schwach ausgeprägt. Das begünstigt bereits bisher die Entstehung der sog. Nordlichter – Effekte eindringender Partikelstrahlung. Nimmt das Erdmagnetfeld ab, liegt es auf der Hand, dass sich die Auswirkungen an den schwächsten Stellen des Strahlengürtels am stärksten bemerkbar machen. So wird zudem erklärbar, dass auch in der Antarktis die Dynamik der Temperatursteigerung ausgeprägter ist als erwartet.

Netzstabilität mit supraleitenden Flywheel-Speichern

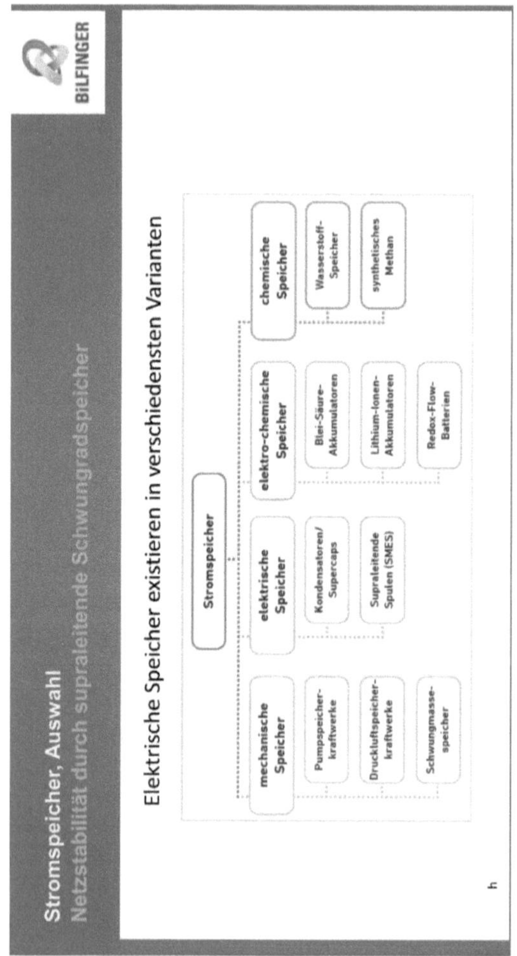

Quelle: https://ivsupra.de/vi-ziehl-vortraege/ (2018)

170

Anhang 8: **Grundwasserschwund**

Ein bisher in der Klimaforschung offenbar unzureichend beachteter Faktor ist die Entwicklung der Grundwasserbestände. Weltweit sind die Grundwasserspiegel stark gesunken bzw. haben sich in größere Tiefen zurückgezogen. Damit im Zusammenhang steht der Schwund von Humusböden um 50 Prozent in den letzten 50 Jahren. Gleichermaßen sind Moore und Feuchtgebiete in zivilisationsnahen Gebieten weitgehend verschwunden

Das hat Konsequenzen. Wasser erhitzt sich deutlich langsamer als Luft. Dank der Temperaturdifferenz nehmen daher oberflächennahe Wasserbestände bei hohen Lufttemperaturen Wärme auf und geben sie bei niedrigen Temperaturen wieder ab. Sie wirken also als Wärmepuffer, was insbesondere bei Extremwetterlagen vorteilhaft ist. Diese sind es vor allem, von denen Gefahr ausgeht, so in Dürresituationen. Mit dem Schwund des Grundwassers und der Bodenfeuchte entfällt ein Ausgleichsfaktor, der zuvor den Extremtemperaturen die Spitze nahm. Derartige Wetterlagen werden damit bedrohlicher.

Anhang 9: **Das „Durchschnitt"-Dilemma**

Eine neue Insel wurde entdeckt. Ihre Fläche war eben und fast vollständig von zwei Seen bedeckt, durch einen Landstreifen voneinander getrennt. Dank des günstigen Klimas, des klaren Wassers und eines durchschnittlichen pH-Werts von 7 schienen die Seen ideal für die Fischzucht zu sein. Man setzte also zwei verschiedene Arten Besatzfische aus. Rasch zeigte sich jedoch, dass irgendetwas nicht stimmte. Beide Fischarten waren binnen kurzem eingegangen. Eine Ursache war zunächst nicht erkennbar. Daher wurde das Wasser noch einmal auf seine Qualität untersucht. Und nun erwies sich, dass es mit dem angegebenen Durchschnittswert zwar seine Richtigkeit hatte. Jedoch waren es in dem einen See 4 ph, er war also übersäuert. Im anderen waren es 10 ph, damit dramatisch untersäuert. Höheres tierisches Leben war unter diesen Verhältnissen in beiden Seen unmöglich.

Was ist vor diesem Bild von einer Welt-Durchschnittstemperatur zu halten? Provokativ gesagt, gleicht der Wert von Durchschnittswerten in der Klimadebatte einer stillstehenden Uhr, die zweimal am Tag die richtige Zeit anzeigt. Ein mangelndes Verstehen der (tatsächlich verbleibenden) Zeit kann ebenfalls letale Folgen zeitigen.

Der Welt-Durchschnittswert ebnet dramatische regionale Entwicklungen ein. So ist es auf der nördlichen Hemisphäre mit zwei Drittel der Landmassen grundsätzlich um 1,5 Grad wärmer.

Kritisch ist ferner die Unterstellung einer weltweiten Geltung der Keeling-Kurve. Sie ist sicherlich hilfreich, einen allgemeinen Eindruck zu den Entwicklungstendenzen zu gewinnen. Doch auch hier ist die implizite Unterstellung einer Gleichverteilung kritisch zu sehen. Tatsächlich unterliegt das CO_2 in der Atmosphäre erheblichen Konzentrationsunterschieden. Natürlich - wird es doch fast ausschließlich über den Landflächen emittiert, um sich dann allmählich in der Atmosphäre zu verteilen. Aufgrund der stetigen Neuemissionen wird aber die Differenz zwischen Land und Meer nie ausgeglichen sein. Eine Weltdurchschnittstemperatur verdeckt demnach eine höhere Temperatur bzw. Temperatursteigerung über den Landmassen.

Schließlich gilt es, ein Phänomen zu beachten, das ein „Blinder Fleck" der Klima-Forschung zu sein scheint. Unterstellen wir einmal folgende Entwicklung: Im Winter wird es um 5 Grad kälter, im Sommer um fünf Grad wärmer. Was geschieht mit der Weltjahresdurchschnittstemperatur? Nichts! Sie bleibt unverändert und das Phänomen bleibt unterhalb der Aufmerksamkeitsschwelle von Klimaforschern – ein Fehler. So tritt bei einer Steigerung der Sommertemperatur um 5 Grad (1,7 % der absoluten Temperatur) von 20 auf 25 Grad folgender Effekt ein: Die Wasseraufnahmefähigkeit der Atmosphäre (aufgrund Verdunstung) steigt um 33 Prozent! D.h., der Wasserdampfgehalt der Luft nimmt spürbar zu. Wasserdampf hat am Treibhausgaseffekt einen Anteil von zwei Dritteln, annähernd viermal so hoch wie CO_2. Die Zunahme wirkt als Beschleuniger des Treibhauseffekts.

Was könnte eine (zusätzliche) sommerliche Temperatursteigerung verursachen/verursacht haben? Der Boden! Mit dem massiven Schrumpfen des Bestandes an Humuserde, dem Ausdörren der Moore und Torflager aufgrund des weltweiten Rückzugs des Grundwassers in große Tiefen schwindet die zuvor wirksame Temperaturpufferfunktion. An heißen Tagen wurde Wärme vom kühleren Bodenspeicher aufgenommen, an kalten Tagen abgegeben. Auf diese Weise wurden Temperaturextreme gemildert, somit der exponentielle Anstieg der Verdunstung gedämpft.

Schließlich können Durchschnittswerte für Regenfälle in die Irre führen. Folgen drei nasse Jahre auf drei trockene, erscheint der Wasserhaushalt als ausgeglichen. Jedoch waren derweil viele Wälder vertrocknet, und die Bäume sind auch mit späterem Sturzregen nicht wiederzubeleben.

Anhang 10: **Unerbetene Energie**

Um die Energiezufuhr zur Erde in einer Größenordnung zu reduzieren, die den Temperaturanstieg kompensieren, mehr noch, den bisher vollzogenen Anstieg korrigieren könnte, muss erheblich mehr geschehen als künftig nachhaltig Energie zu erzeugen. Dafür gilt es, sich zunächst einen Überblick zu den energetischen Verhältnissen der Einstrahlung sowie der Rückstrahlung (Albedo[169]) zu verschaffen.

Einstrahlung	kWh	Ver-bleib	Summe Ver-bleib	Summe Rück-strahlung
Eintritt in die Atmosphäre	1,367	0,087		
14.000 m	1,280			
Verbleib Atmosphäre 25%	0,320	0,320		
Erdoberfläche	0, 960			
Verbleib 62%	0,595	*0,595*		
Rückstrahlung 38%	0,365			
Verbleib Atmosphäre 25%	0,09	*0,090*		
Rückstrahlung ins All	0,27			
effektive Albedo	**20%**		**1,092**	**0,275**
Wasser	0,960			
Verbleib 95%	0,912	*0,912*		
Rückstrahlung 5%	0,048			
Verbleib Atmosphäre 25%	0,012	*0,012*		
Rückstrahlung ins All	0,036			
effektive Albedo	**3%**		1,331	0,036
Eis	0,960			
Verbleib 15 %	0,144	*0,144*		
Rückstrahlung 85%	0,816			
Verbleib Atmosphäre 25%	0,204	*0,204*		
Rückstrahlung ins All	0,612			
effektive Albedo	**45%**		0,755	0,612
Reflexionsebene 14.000 m	1,280	0,87**		
Reflexion 90%	1,150	0,130		
Verbleib Atmosphäre		0,050		
effektive Albedo*	**80%**		**0,267**	**1,100**

* bezogen auf die Gesamteinstrahlung von 1,360 kW/m²

**Verbleib in den obersten Atmosphäreschichten

Aus dem Weltraum werden 1,360 kWh/m² eingestrahlt[170]. In der Tropopause sind es noch 1,28 kWh/m², auf dem Boden 0,96 kWh/m². Also hat die Troposphäre 0,32 kWh/m² zunächst aufgenommen, 25% der Einstrahlung.

Von den restlichen 0,96 kWh halten der Boden sowie sonstige bestrahlte Flächen 62 Prozent (0,6 kWh/m²) zurück. Durchschnittlich 38(30) Prozent[171] werden reflektiert. Bei diesem zweiten Durchgang durch die Atmosphäre werden weitere Energieeinträge erfolgen. Im Ergebnis wird eine direkte Albedo von 20 Prozent erreicht. Über Wasser ist sie gewöhnlich äußerst gering.

Diese Betrachtung folgt einem grobmechanischen Modell, das die Wirklichkeit nur unzureichend abbildet. Seien es Wolkenbildung, wechselwirkende Objekte der Ausstrahlung und Aufnahme und vermutlich auch das Magnetfeld der Erde – vielfältige Variablen bilden ein hochkomplexes Reaktionsfeld, das die Auflösung in diskrete Einzelschritte der Analyse erschwert.

In der Rechnung ist ein Faktor nicht berücksichtigt: eine Rückstrahlung jener Energie, die beim Erstdurchgang als Verbleib in der Atmosphäre bewertet worden sind. Zum anderen wird auf dem Boden einfallende hochfrequente Strahlung in Teilen in langwellige Rückstrahlung umgewandelt. Nun erfolgt ein Ping-Pong in der Atmosphäre. CO_2 reflektiert wie andere drei - und mehratomige Moleküle die vom Boden zurückgestrahlte langwellige Energie (Wärme) in einem Teil zurück zum Boden, den anderen himmelwärts. Die rückgestrahlte Energie wird wiederum vom Boden reflektiert usw. Je mehr Klimagase, desto mehr Rückstrahlung zum Boden. Doch wie viel verbleibt letztendlich wo?

Der Troposphäre entweicht im äquatorialen Raum Wärme durch aufsteigenden Wasserdampf.[172] Messungen in der

Tropopause lassen allerdings darauf schließen, dass Wasserdampf dort nur in Spuren vorhanden ist. In gelegentlichen Aufwölbungen durch die Tropopause hindurch gelangt dennoch Wasserdampf in die Stratosphäre, jedoch örtlich und zeitlich begrenzt. Allerdings wächst der Wasserdampfbestand durch Methan, das aus der landwirtschaftlichen Düngung stammt und aufsteigt. Chemische Prozesse in der Stratosphäre setzen daraus Wasserstoff und Sauerstoff frei, die sich zu Wasser verbinden.

Die Höhe der Albedo ist neben dem Klimagas in der Atmosphäre für die Temperatursteigerung von zentraler Bedeutung. Mit der Umwandlung von Eis- in Wasserflächen sinkt sie ab. Damit verschärft sich das Problem. Wie dies im Einzelnen erfolgt, tritt hier hinter die letztlich entscheidende Frage zurück: Wie hoch ist der Anteil unerwünschter Energie? Wie schwierig eine präzise Bestimmung der Quellen der Albedo ist, lässt folgendes Bild erahnen:

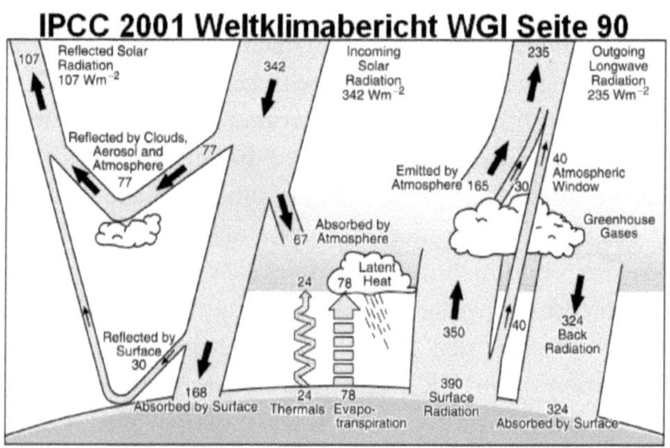

Figure 1.2: The Earth's annual and global mean energy balance. Of the incoming solar radiation, 49% (168 Wm^{-2}) is absorbed by the surface. That heat is returned to the atmosphere as sensible heat, as evapotranspiration (latent heat) and as thermal infrared radiation. Most of this radiation is absorbed by the atmosphere, which in turn emits radiation both up and down. The radiation lost to space comes from cloud tops and atmospheric regions much colder than the surface. This causes a greenhouse effect. Source: Kiehl and Trenberth, 1997: Earth's Annual Global Mean Energy Budget, *Bull. Am. Met. Soc.* 78, 197-208.

Quelle:http://www.science-skeptical.de/klimawandel/das-kleine-1x1-der-atmosphaerischen-gegenstrahlung/0017307/[173]

In diesem Schema wird vom realen Energieumschlag ausgegangen, der ein Viertel einer senkrechten Einstrahlung von 1.367 Wh/m² ausmacht. Danach geht alles, was an Strahlung hereinkommt, wieder hinaus und man könnte sich fragen, warum die Temperatur nicht dramatisch niedriger ist. Eigentlich dürfte es danach gar keine fossilen Energielagerstätten geben (Humus Torf, Kohle. Erdöl, Erdgas), weil kein Leben entstehen konnte – was heißt, dass eben doch nicht die gesamte Energie zurückgestrahlt wird). Und wie kann es eine „Surface Radiation" von 390 Wm-² geben, wenn insgesamt nur 168 Wm-² die Oberfläche erreichen?[174] Augenscheinlich verheddert man sich rasch beim Unterfangen, das System über das Zusammenwirken seiner einzelnen Komponenten zu erfassen. Im Übrigen ist der Zeitfaktor, die verzögerte Reflexion, zu berücksichtigen. Das übersehen Klimaskeptiker, die dieses wissenschaftliche Schaubild als eine Grundlage ihrer Thesen verwenden und die Stausituation ignorieren.

Wie also gelangt man zur Antwort auf die Frage nach der „überschüssigen Energie"? Indem man den "energetischen Knoten" durchschlägt!

Ohne kosmische und Sonnenstrahlung läge die Erdtemperatur nahe dem absoluten Nullpunkt von -273° C = 0° K.[175] Die durchschnittliche Oberflächentemperatur beträgt gegenwärtig ca. +15° C. Die Differenz beläuft sich somit auf ca. 288° C/K. Ein kleiner Teil der Temperatur oberhalb des absoluten Nullpunktes ist auf radioaktive Zerfallsprozesse im Erdmantel zurückzuführen. Nimmt man eine aus diesen Prozessen folgende Oberflächentemperatur von -265° C an, sind weitere 247° durch die Einstrahlung seitens der Sonne, ergänzt durch kosmische Strahlung, erzeugt.[176] Nun sind es -18° C/255°K. Hinzukommen 32° C/K aus den sog.

natürlichen Treibhausgasen. Diese sind gleichermaßen Voraussetzung und Produkt einer vielfältigen Biosphäre.

Soll diese Temperatur um gut 5° C/K gesenkt werden - das entspricht dem zu erwartenden Anstieg in den kommenden 20 bis 30 Jahren (im Vergleich zur vorindustriellen Zeit) ist eine Reduktion der einfallenden Energie erforderlich. Die Strahlungsenergie ist für einen Temperaturanstieg 247° C/K verantwortlich. Um davon 5 Grad abzufangen, müsste also die Einstrahlung um etwa 2 Prozent reduziert werden.[177]

Bezogen auf die Erdoberfläche (510 Mill. km^2) entsprechen 2 Prozent 10,2 Mill. km^2 = 2 Flächeneinheiten. In dieser Betrachtung ist es zunächst unwichtig, wie hoch die Albedo ist. In jedem Fall wird über diesen Flächen Energie abgewiesen, die anderenfalls in die Troposphäre eingedrungen wäre und den Boden erreicht hätte. Dann aber kommt die Albedo doch ins Spiel. Der Wert von 30 Prozent[178] stellt einen Durchschnitt dar. Im Einzelnen schwankt die Albedo zwischen etwa 5% (Wasser) und 90% (Eis). Wird nun der Energieeinfall über Wasserflächen reflektiert, wird deutlich mehr klimawirksame Energie zurückgehalten als über anderen Flächen. Daher kann die Reflexionsfläche vermindert werden und damit auch der technische und ökonomische Aufwand.

Andererseits bewirkt die Erwärmung die Umwandlung von Eis- in Wasserflächen, wodurch die Albedo dieser Flächen dramatisch sinkt. Das vermindert den Reduktionsgewinn, der soeben für Reflexionsinstallationen über Wasserflächen beschrieben wurde. Zudem sind ggf. bis zu 5 Prozent aufzuschlagen, um den Strahlungseinfall unterhalb der Reflexionsebene bei tiefstehender Sonne zu kompensieren.

Allerdings ist dem tatsächlichen Aufwand damit noch nicht entsprochen. Man kann unterhalb der Abdeckung natürlich nicht Zonen vollständiger Dunkelheit erzeugen. Wird eine Abdeckung zu einem Drittel unterstellt, würde eine Reflexionsfläche von 10 Mill. km² Tragestrukturen mit einer Ausdehnung von etwa 30 Mill. km² benötigen, positioniert über Ozeane.

Es sei noch einmal darauf verwiesen, dass die Sonnenkonstante mit 1360 Wh/m² als Aufsatzpunkt für die Berechnung einen theoretischen Wert darstellt. In der Realität ist die Einstrahlung weltbezogen um etwa den Faktor vier geringer (allein der Wechsel von Tag und Nacht bedingt etwa eine Halbierung). Das ändert aber bei unveränderten Beziehungen zwischen den einzelnen Größen (Einstrahlung/Verbleib/Rückstrahlung) nichts für die beschriebenen Systemanforderungen und Flächendimensionen. Hier geht es zunächst darum, sich den Umfang der Folgen und Folgerungen zu vergegenwärtigen. In seinem modularen Aufbau kann das Gesamtsystem dann den sich erweisenden Erfordernissen angepasst werden.

Ein derartiges Konzept sprengt die Dimensionen all dessen, was der Mensch sich jemals vorgenommen hat. Es erscheint naheliegend, den Gedanken wegen (vermeintlicher) Undurchführbarkeit abzutun. Doch was könnte an dessen Stelle treten? Vielleicht sollte man sich dieser Idee nähern, indem man sie zunächst kleiner denkt und darin einen Teil einer Gesamtlösung sieht. Andererseits: Wer jährlich 5 Mill. Autos baut, sollte auch jährlich 3 Mill. Reflexionseinheiten über 30 Jahre herstellen können. Über dem Atlantik positioniert, wäre das ein wirksames Mittel zur Abmilderung eigener Bedrohungen und ein sehr ordentlicher Deckungsbeitrag für das Weltproblem.

Anhang 11: **Der CO₂-Widerspruch**

Ein maßgeblicher Faktor des Temperaturanstiegs ist nach fast durchgehender Auffassung der wissenschaftlichen Gemeinschaft das Klimagas CO_2. Nun lautet ein unwidersprochenes wissenschaftliches Statement: Ohne Klimagase in der Atmosphäre läge die Weltdurchschnittstemperatur bei minus 18 Grad Celsius. Tatsächlich betrug sie bis zur industriellen Epoche ca. +13,6° Celsius. Damit hätten die Klimagase also die Basistemperatur von 255 Grad Kelvin um annähernd 32 Grad, also um ca. 12,5 % erhöht.

In der vorindustriellen Epoche lag der CO_2-Anteil in der Atmosphäre nach gängiger Auffassung bei ca. 280 ppm. Inzwischen hat der Bestand laut jüngsten Messungen über 420 ppm erreicht, ist also um 50% gestiegen. Wenn nun CO_2 einen so hoch wirksamen Faktor im Klimawandel darstellt, wie es die fokussierte öffentliche Aufmerksamkeit suggeriert, müsste sich dieser Anstieg in der Temperaturentwicklung entsprechend abbilden. Eine hypothetische CO_2-Relevanz von 50 Prozent hätte 16 Grad Celsius zur vorindustriellen Temperatur beigetragen. Demnach wäre bis heute aufgrund des gestiegenen CO_2-Anteils bei einer hohen Korrelation bis zur Proportionalität eine Temperatursteigerung um bis zu 8 Grad denkbar. In offizieller Sicht sind es allerdings insgesamt nicht einmal 1,5 Grad für alle Klimafaktoren (aufgrund einer Wirkverzögerung?) – davon etwa 0,3 Grad durch CO_2 verursacht! Für das Jahr 2100 wird ein Anstieg um insgesamt 2,7 Grad prognostiziert. Also, wird entweder

- die Relevanz von CO_2 deutlich überschätzt oder
- verharmlosen die wissenschaftlichen Prognosen, was noch auf uns zukommt.

Für eine Überschätzung spricht die schwache Korrelation von 0,6 zwischen CO_2 und Temperatur. Jedenfalls hinterlassen wissenschaftliche Aussagen und Prognosen so oder so Fragen.

Anhang 12: **Kreative Lösungen für Stufe III**

„Der Weg zum Mond" titelte vor einiger Zeit eine populärwissenschaftlichen Zeitschrift einen Blick auf die Zukunft[179]. Im Zentrum standen allerdings die Verhältnisse auf dem Mond im Spiegel der Interessen an einer Mondstation. Über den Weg wurde wenig gesagt.

Aller Anfang ist schwer. Nirgendwo weiß man das besser als in der Raumfahrt. Denn der erste Schritt zur Raumfahrt ist die Ablösung vom Boden der Erde – dort, wo die Schwerkraft am stärksten wirkt, die Luft am dichtesten ist und bislang keine anderen Reisetechniken eingesetzt werden können als chemisch angetriebene Raketen. Abgesehen von den Nachteilen der Verbrennungstechnologien unter dem Diktum der Nachhaltigkeit, hat die Rakete als Fortbewegungstechnik den großen Nachteil, dass sie ihre Antriebsenergie vom Boden mitnehmen muss. Dadurch entsteht ein groteskes Missverhältnis von Traglast und Nutzlast zu Ungunsten der letzteren.

Als Alternative wurde ein Schienenantrieb angedacht. Auf einer rampenförmigen Konstruktion sollen Nutzlasten mittels Linearmotor auf Fluchtgeschwindigkeit gebracht werden.[180] Ein illusorischer Ansatz: Von der Erdoberfläche aus ist es faktisch unmöglich, damit Fluchtgeschwindigkeit zu erreichen. Im Übrigen würde die Erhitzung in der dichten Troposphäre das beschleunigte Objekt rasch zerstören.

Wenn in ca. 19 km Höhe eine Plattform bereitsteht, verändern sich die Verhältnisse. Dorthin gelangt man mit dem „Fahrstuhl". Die benötigte Antriebsenergie (erzeugt in der Tropopause) treibt stationäre Motoren und belastet daher nicht das Gewichtsbudget der Reisetechnik. Dort oben ist die Rotationsgeschwindigkeit bereits etwas höher. In unseren Breiten beträgt sie ungefähr 1000 km/h oder gut 300 m/s. Um die Satellitenbahn in 200 km Höhe zu erreichen und dort anzudocken, ist eine Geschwindigkeit von etwa 7,5 km/s erforderlich. Wie bereits ausgeführt, ist das aus einer Höhe von 19 km mit einer Stufe offenbar nicht zu leisten. Es sei denn, man startet den Geschwindigkeitsaufbau auf anderem Weg. Infrage kommt das Konzept der Magnetbahn. Ohne eigenen Antrieb und ohne physischen Kontakt zur Umgebung kann sie am Boden sehr hohe Geschwindigkeiten erreichen. Für die Anbindung des Hamburger Hafens an das Umland wurde kürzlich die Idee einer Magnetbahn dargestellt, die in luftentleerten Tunneln Geschwindigkeiten von 1000 km/h erreichen soll[181].

In 19 km Höhe ist der Luftwiderstand zunächst zu vernachlässigen. Man baut auf einer entsprechend ausgelegten Plattform eine elektromagnetische Röhre (bisher als "EM-Katapult" bezeichnet), in der die Rakete beschleunigt wird. Ökonomisch erwünscht wäre eine kreisförmige Anlage, in der in mehreren Durchgängen zuzüglich der Umdrehungsgeschwindigkeit der Erde eine Austrittgeschwindigkeit von 1,5 km/s erreicht wird. Mittels einer Weiche (eine komplizierte technische Anlage) wird dann die Rakete freigesetzt.

Allerdings erhöht sich in einem kreisförmigen System mit der Geschwindigkeit die Zentrifugalkraft und dürfte selbst bei einem Radius von 2 km für normale Reisende nicht mehr zumutbar sein. Daher wird man nicht umhinkommen, eine Magnetbahn mit einer Länge von 60 km zu installieren. Dann ist bei einer Beschleunigung von 2 G über 120 Sekunden die Austrittgeschwindigkeit von 1,5 km/s zu realisieren.

Rasch ist eine Höhe von 30 bis 40 km erreicht. Inzwischen hat bereits der Wasserstoffantrieb eingesetzt, um zum Orbit zu gelangen.

Für einen Weiterflug von dort in geostationäre Höhe müsste bei herkömmlichen Verfahren aufgetankt werden. Nun setzt jedoch ein Verfahren ein, dass nach Kenntnis des

Autors noch nicht beschrieben wurde. Es handelt sich um die Nutzung des Pendelprinzips. Man stelle sich Satelliten vor, die auf elliptischen Bahnen laufen. Das System ist darauf ausgelegt, dass das Apogäum (oberer Wendepunkt) des unteren Satelliten mit dem Perigäum des oberen Satelliten im Wendebereich ein Stück parallel verläuft. Hier findet die Übergabe der Fracht statt. Auf größerer Höhe wiederholt sich das Vorgehen. Auf diese Weise gelangt das Frachtgut zuletzt auf eine Höhe von 36.000 km, ohne das - idealerweise - ein Tropfen Treibstoff benötigt wurde.

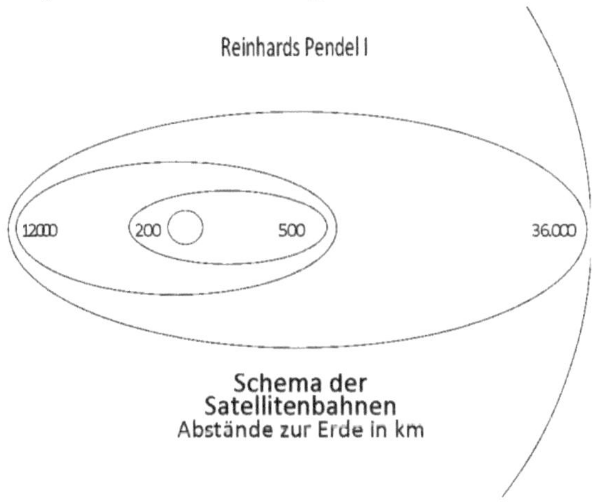

Zwar laufen die Satelliten in ihren Bahnen unterschiedlich schnell. Im Apogäum des schnellen inneren und dem Perigäum des langsameren äußeren sollte es jedoch gelingen, die Bahngeschwindigkeiten für kurze Zeit zu synchronisieren. Damit wäre das Konzept tatsächlich funktionsfähig.

Der sachkundige Physiker oder Ingenieur wird jedoch rasch den Haken entdecken. Mit der Übergabe der Masse wird sich insbesondere die Bahn des oberen Satelliten verändern, weil sich nunmehr die Gravitation auf die größere Masse auswirkt.

Das System ist also nicht dauerhaft stabil. Es sei denn... Wenn ein Masseaustausch stattfindet, ist das Problem beseitigt. Also müsste der obere Satellit eine Kompensationslast bereitstellen, dann hat man tatsächlich ein Perpetuum mobile der Raumfahrt.

Doch was könnte das sein? Und woher soll diese Substanz in einen leeren Weltraum kommen? Wenn deren Bereitstellung die Energie verschlingt, die man einsparen wollte, wäre alles nutzlos. In einer späteren Phase, wenn auf dem Mond Aktivitäten stattfinden, etwa die Ausbeutung von Minen, und noch später, wenn die Asteroiden erreicht werden, dürfte das kein Problem sein. Doch gibt es eine Übergangsphase, in der das nicht möglich sein wird.

Dann bleibt nur eines zu tun: eine Bahnkorrektur durchführen. Im erdnahen Raum ist eine solche Maßnahme ohnehin unumgänglich. Ein kreisförmig laufender Satellit in 200 km Höhe würde ohne Bahnkorrekturen binnen weniger Tagen abstürzen. Selbst das ISS im 400 km Orbit verliert täglich etwa 100 m Höhe und muss in Abständen durch Beschleunigung in seine Bahn zurückgeführt werden. Das verbraucht allerdings wiederum Energie. Doch nun gibt es einen entscheidenden Unterschied. Diese Energie muss nicht aufwändig von der Erde in den Orbit transportiert werden, sondern wird bereits heute mit Photovoltaik vor Ort gewonnen.

Von der Erde wird nur eine überschaubare Menge Xenon als "Treibstoff" (Stützmasse) für Ionenstrahltriebwerke benötigt, die trotz ihres geringen Schubes solchen Manövern genügen. Jedenfalls für die geringe Masse heutiger Satelliten bzw. Raumstationen.

Andere Ansätze müssen aus heutiger Sicht als spekulativ gelten. So könnte man etwa Wasserstoff, faktisch das einzige Gas, das in dieser Höhe den Hauch einer Atmosphäre bildet, einsammeln und mit Sauerstoff als Knallgasgemisch nutzen. Doch wo bekommt man den Sauerstoff her?

Ein anderer Gedanke verbindet das Nützliche mit dem Angenehmen. Man sammelt Weltraumschrott ein (was ohnehin geschehen sollte) und nutzt ihn zur Erzeugung eines sehr heißen Gases oder sogar eines Plasmas als Antrieb.

Ideal wäre es natürlich, elektrische Energie direkt nutzen zu können. Und tatsächlich gibt es - möglicherweise - einen solchen Weg. Es handelt sich um die Idee des EmDrive (Electromagnetic Drive):

„In einem verspiegelten Hohlraum, der die Form eines abgeschnittenen Kegels hat, breiten sich die elektromagnetischen Wellen im Mikrowellenbereich aus. Da es sich um dieselbe ‚Menge' an Strahlung handelt, aber die gegenüberliegenden Flächen verschieden groß sind, soll sich an der kleineren Fläche ein höherer Strahlungsdruck aufbauen als an der größeren."[182]

Als Konzept ohne Treibstoff umstritten, ist es möglicherweise mit dem Problem des geringen Schubes behaftet. Es könnte es jedoch den Anstoß liefern, in diese Richtung weiter zu denken.

Längerfristig wäre wohl der Pendelbetrieb mit Massenausgleich die eleganteste Lösung.[183] Sie wird greifbar, wenn auf dem Mond eine Rohstoffgewinnung in Gang gesetzt ist. Die Ausbeute könnten dank der geringen Gravitation (1,62 km/s zur Erreichung des Orbits[184]) und dem Fehlen einer Atmosphäre vom Boden aus mit einem "EM-Katapult" in den Raum expediert werden und kann dann auf dem Weg zur Erde als Ausgleichsmasse zur Übergabe an die Orbitstation dienen.

Die starke Gravitation - ein Segen, weil unsere Welt anderenfalls ohne Luft und Wasser wäre - wird zur enormen Herausforderung, gilt es, die Erde zu verlassen. Der Aufwand mit den gängigen chemischen Antrieben ist hoch und schränkt die Möglichkeiten drastisch ein.

Im gegebenen Ansatz werden chemische Antriebsstoffe nicht mehr benötigt. Die zweiten Stufen heutiger Raketen werden gewöhnlichen mit Wasserstoff angetrieben. Alle andere Energie wird jeweils vor Ort der Sonneneinstrahlung entnommen, damit entfällt der aufwändige Transport durch den Gravitationsschacht. Zudem erlaubt das „Pendel", sich physikalische Gegebenheiten mit geringem Aufwand zunutze zu machen.

Die Kosten der Raumfahrt dürften sich damit drastisch verringern. Im oben zitierten „Spektrum"-Artikel wird folgende Rechnung aufgemacht:

„Eine Sonde mit auf dem Mond befüllten Tank, die zur Erde zurückkehrt, würde beispielsweise nur ein 50stel der Kosten verursachen wie eine vergleichbare Sonde, die ihren gesamten Treibstoff von der Erde mitbringt."

Tatsächlich könnte der Mond als Rohstoff- und Treibstoffquelle - insbesondere, weil inzwischen als gewiss gilt, dass Wasser vorhanden ist - die Kostensituation in der Raumfahrt revolutionieren

Was gegenwärtig noch exklusiv ist und sich nur für wenige Zwecke rechnet - Beobachtung, Positionsbestimmung, Kommunikation - könnte nun zum Regelbetrieb werden und jeglichen Nutzen erbringen, den der Weltraum als Aktionsfeld bietet. Zudem könnte ein nunmehr finanzierbarer Weg zur Entsorgung hoch radioaktiven Abfalls erschlossen werden, dessen Endlagerung im Boden als Menetekel einer Zerreißprobe der Gesellschaft droht.

Ein großer Vorteil des Katapults liegt u.a. in der Einsparung der ersten Stufe. Diese wird wegen des erforderlichen starken Schubs mit Kerosin betrieben und führt damit zur Verschmutzung der Atmosphäre. Somit ist auch bei einer erheblichen Ausweitung des Raketeneinsatzes Nachhaltigkeit gewährleistet.

Anhang 13: **Der Nutzen der Stratoenergie**

Der Nutzen einer Investition in Stratoenergie folgt den üblichen Betrachtungen vom Aufwand zum Ertrag. Der Ertrag der Strato-PV erweist sich in der Ergiebigkeit, bezogen auf den materiellen bzw. finanziellen Ressourcenaufwand.

Wie stellt es sich dann im Vergleich zur Boden-PV dar? In Deutschland erfolgt bei durchschnittlich 1.900 Sonnenstunden eine Einstrahlung von 1.000 bis 1.300kWh/m² im Jahr. In der Tropopause hingegen liegt pro m² der Schattenfläche die Einstrahlung an 365 Tagen á 13 Stunden bei 4.745 Stunden à 1,28 kW/h. Die Einstrahlungsintensität ist um ein Drittel höher. Gegenüber dem Boden ergibt sich pro Flächeneinheit ein 3,5 größerer Stromertrag. Der Investitionsaufwand am Boden ist mindestens gleich hoch, in der Realität wohl deutlich höher. Daher stellt sich die Stratoenergie als das weitaus wirtschaftlichere Investment dar.

Auch beim Vergleich des Einsatzes materieller Ressourcen liegt das Strato-Konzept vorn. Ein m² PV erfordert einen Materialeinsatz von rund 11 kg, allein für die PV-Module. Aus 11 kg erhält man 12 m² PV-Ballonhülle. Allerdings ist hier das Verhältnis von Ballonoberfläche zur Schattenfläche von 1:4 zu berücksichtigen. Somit stellt sich das Verhältnis "nur" noch mit 1:3 zugunsten der Strato-PV dar. Ins Verhältnis zur Stundenzahl gesetzt und bei einem gleichen Wirkungsgrad ergibt damit für das Stratoenergie-Konzept ein 10fach günstigerer Ressourceneinsatz gegenüber der Boden-PV.

Allerdings ist gewichtsmäßig zusätzlich das Doppelte an Ressourcen für das Gesamtsystem zu berücksichtigen, zusammen 60 Mill. t. Diese Nebenressourcen sind bei der Boden-PV auf ein Gleiches an Masse für bauliche Maßnahmen geschätzt worden. Auf dieser Basis verbleibt für die **Strato-PV** ein **Vorteil um das Zehnfache** im Verhältnis von Masse und Ertrag. Dabei sind Bodenflächen als Ressource noch nicht berücksichtigt. In der Tropopause ist sie frei verfügbar. Damit erhöht sich der Vorsprung um ein Weiteres.

Angesichts des gigantischen Massebedarfs von bodengebundenen Windkraftanlagen (>2 Mrd. t) erübrigt sich eine Vergleichsbetrachtung.

Die Ressourceneffizienz des Stratoenergie-Konzeptes ist dank der LaL-Technologie allen Ansätzen am Boden deutlich überlegen, im Übrigen jenseits jeglicher Flächenkonkurrenz und gegenwärtiger Akzeptierbarkeitshemmnisse. Zudem ist es unmittelbar **regional wirksam**, belohnt also gutes Tun.

Jenseits aller Rentabilitätsbetrachtungen liegt der unschätzbare Nutzen in der damit eröffnenden **Überlebenschance**. Sie findet sich in der Möglichkeit, auf der nunmehr erschlossenen Operationsebene in der Stratosphäre mit vergleichsweise einfachen Mitteln gewaltige Reflexionsflächen einzurichten – unabdingbar, um einer ultimativen Katastrophe vorzubeugen.

Endnoten

[1] https://sezession.de/57249/dialoge-mit-h-kassandra-syndrom

[2] Immerhin hatte vor etwa 25 Jahren das damals noch junge **Potsdamer Institut für Klimaforschung** (PIK) prognostiziert, dass in etwa 30 Jahren Brandenburg wegen Trockenheit versteppen würde. Das war das Treffsicherste aus der Klimaforschung, was dem Autor bisher vorlag.

[3] Tagesspiegel v. 25.6.2019, S.28.

[4] Bei Klimagasen handelt es sich um drei- und mehratomige Moleküle, die langwellige Strahlung reflektieren. Eine reine Stickstoff-/Sauerstoffatmosphäre ließe hingegen jegliche Strahlung passieren.

[5] **Judith Dellheim:** Sieben Diskussionsthesen zur Energiepolitik und sozialökologischem Umbau. In: Für eine neue Alternative (J. Dellheim, G. Krause (Hrsg.). Dietz, Berlin 2008, S.327ff.

[6] s.a. http://climexp.knmi.nl/start.cgi?someone@somewhere. Davon sind bis zu 40% der Weltbevölkerung betroffen. https://wiki.bildungsserver.de/klimawandel/index.php/Aktuelle_Klima%C3%A4nderungen. Die sog. „globale Mitteltemperatur" wird in einem sehr aufwändigen Verfahren (wegen ungleichmäßiger Verteilung der Messstationen) ermittelt.

[7] https://www.dwd.de/DE/leistungen/zeitreihen/zeitreihen.html?nn=344886. Im Jahr 2021 lag der Mittelwert allerdings bei 9,2°, also lediglich um 1,6° höher als in den 1880er Jahren.

[8] Der Prozess hat begonnen und setzt die zweifache Menge dessen an Methan frei, was erwartet worden war.

[9] In den Tropen, zwischen dem nördlichen und dem südlichen Wendekreis (23,5° Breite), leben um drei Milliarden Menschen.

[10] Die CO_2-Belastung der Atmosphäre beträgt inzwischen gut 3.000 Gt bzw. um 900 Gt Kohlenstoff. Eine Studie von 2017 erwartet die Erreichung der Zwei-Grad-Grenze bereits bei 800 Gt Kohlenstoff. Siehe: Klimawandel in Deutschland (**G. Brasseur/D. Jacob/S. Schuck-Zöller**; Hrsg.). Springer Verlag Berlin, Heidelberg 2017:13, (Kindle-Position1486/7). Somit entspricht die Temperatur (hier) einer wissenschaftlichen Erwartung. s.a https://www.umweltbundesamt.de/daten/klima/atmosphaerische-treibhausgas-konzentrationen#lachgas.

[11] Inzwischen hat der DWD in einer Graphik den Wert von 2,1 Grad nachvollziehbar dargestellt: https://www.dwd.de/DE/ leistungen/zeitreihen/zeitreihen.html?nn=344886. Dies allerdings wiederum in zunächst verschleiernder Form, indem die 1940er Jahre als Nullebene definiert wurden.

[12] Damals hatten relativ kleine Veränderungen der Sonnenaktivität unter bestimmten Bedingungen drastische Auswirkungen auf das Klimasystem der Erde. *„Diese so genannten Dansgaard-Oeschger-Ereignisse (D/O-Ereignisse) begannen mit einem Temperaturanstieg von sechs bis zehn Grad Celsius innerhalb von etwa zehn Jahren. Die hohen Temperaturen hielten dann noch mehrere Jahrhunderte lang an.“* https://www.wissenschaft.de/ <astronomie-physik/sonne-im-jahrtausendhoch/ s.a. https://de.wikipedia.org/wiki/ Dansgaard- Oeschger-Ereignis; https://wiki.bildungsserver. de/klimawandel/index.php/Abrupte_Klima%C3% Aenderungen_im_Eiszeitalter.

[13] Der Koran, Sure 30:Vers 41; 18:7; 2:11f.

[14] Die Bibel, Genesis1:28; siehe **Erhard Gerstenberger**: „Macht euch die Erde untertan“. Vom Sinn und Missbrauch der Herrschaftsformel. http://geb.uni-Giessen.de/geb/volltexte/2012/8833/pdf /Gersten berger_Untertan.pdf

[15] **Günther Anders**: Die Antiquiertheit des Menschen. Beck, München 1956, S.VII.

[16] Frankfurter Rundschau v. 9.5.1992. Bereits 1988 hatte die deutsche Enquete-Kommission „Vorsorge zum Schutz der Erdatmosphäre“ insbesondere die Energiethematik problematisiert und in einem zweiten Bericht (1990) Reduktionsziele zur Verminderung der energieverursachten CO_2-Emissionen erarbeitet.

[17] Wenn nun eine Studie meint, dass der Energieverbrauch ab 2035 nicht mehr zunimmt und bis 2050 nur noch - u.a. dank Kernenergie - die Hälfte des Verbrauchs aus fossilen Ressourcen stammt, ist Skepsis angebracht. (TSP v. 25.9.18, S.15)

[18] Es handelt sich um jährlich 500.000 km³.

[19] Die Erde war in ihrer rund vier Milliarden Jahre währenden Existenz größtenteils vollständig eisfrei.

[20] Andere Quellen sprechen von 120.00 Jahren. Es bleibt unklar, ob dasselbe Ereignis gemeint ist.

[21] Vor 4 Millionen Jahren war der Eisschild der Antarktis vollständig zusammengebrochen. Damals lag der CO_2-Gehalt der Atmosphäre bei 700 ppm. Heute sind es 418 ppm. Es ist nur eine Frage der Zeit, bei anhaltender Entwicklung etwa 100 Jahre.

[22] Energie wird in Zucker umgewandelt und ist damit gebunden. Somit wirkt starker Pflanzenwuchs staumindernd. https://www.chemie.de/lexikon/ Photosynthese.html

[23] http://www.science-skeptical.de/klimawandel/skeptikerirrtuemer-iii-der-treibhauseffekt-und-die-thermalisierung/ 0012906/ So weisen Wolken im kurzwelligen Bereich eine Albedo von 60-90%, im langwelligen Bereich von nur 10% auf. (s. EN132)

[24] **Meinolf Dierkes/Klaus Zimmermann**, Ethik und Geschäft. Gabler, Wiesbaden 1991.

[25] Im Übrigen bewirkt Schwefelsäure in der Atmosphäre den Abbau der gegen UV-Strahlung schützenden Ozonschicht.

[26] „ Finale Katastrophe" bedeutet, dass etwa aufgrund einer umfassenden Zerstörung der Ozonschichten (in der Stratosphäre zwischen 20 km und 50 km) die dann ungehindert einfallende UV-Strahlung bzw. kosmische Strahlung das Leben auf den Landflächen auslöscht.

[27] In 2018 wächst der Bestand um über 50 Gt.

[28] Siehe TSP v. 12.12.22, S.27: Direct Air Capture -Amerikas Traum vom CO_2-Staubsauger.

[29] http://www.poel-tec.com/oel_preise/erdoel_4.php

[30] Es sei denn, es ließe sich die „verrückte Idee" verwirklichen, CO_2 zu Sauerstoff und Diamanten! umzuwandeln. Aus dem Diamantenstaub ließe sich Zement herstellen, der in der Bauwirtschaft eingesetzt werden könnte. Damit könnte in der Tat CO_2 im Gigatonnenmaßstab in den Wirtschaftskreislauf eingebracht werden. (Spektrum der Wissenschaft 2.22, S.43)

[31] **Bill Gates**: Wie wir die Klimakatastrophe verhindern. Piper, München 2021.

[32] https://www.eike-klima-energie.eu/2017/03/17/ein-neues-paradigma-fuer-die-klimawissenschaft-ist-co2-ist-unschuldig/

[33] Neben der Erde verfügen lediglich zwei mittelgroße Körper des Sonnensystems mit halbwegs vergleichbarer Dichte über eine - sehr unterschiedliche - Atmosphäre: Venus und Titan. Informationen gibt es lediglich aus wenigen Fernmessungen und

Spektralanalysen. Daraus eine exakte Aussage über den Status der Erdverhältnisse ableiten zu wollen, erscheint abwegig.

[34] **Nir J. Shaviv, Ján Veizer**: *Celestial driver of Phanerozoic climate?* In: *Geological Society of America*. Band 13, Nr. 7, Juli 2003, S. 4–10.

[35] die Domäne des Verstandes. Siehe **Teilhard de Chardin**: Der Mensch im Kosmos.

[36] Eine Erde mit einer reinen Stickstoff-/Sauerstoffatmosphäre wäre somit dem Mond gleichzusetzen. Im Sonnensystem existiert allerdings kein Körper mit einer „reinen" Atmosphäre.

[37] Eine solche Veränderung dürfte es bei gleichbleibender Energiezufuhr seitens der Sonne in der Logik der Skeptiker nicht geben.

[38] **Mojib Latif**, Heißzeit. Bundeszentrale für politische Bildung, Bonn 2020:59.

[39] 20% der CO_2-Einträge in die Atmosphäre stammen aus Waldbränden. Mit zunehmender Erwärmung wird die Belastung noch wachsen.

[40] https://www.energie-und-management.de/nachrichten/strom /detail/stromverbrauch-2018-nur-leicht-angestiegen-128676.

[41] siehe **Jared Diamond**: Kollaps - Warum Gesellschaften überleben oder untergehen. S. Fischer, Frankfurt a.M. 2005; Kap1.

[42] **Frank Schätzing**: Was, wenn wir einfach die Welt retten? Kiepenheuer & Witsch, Köln 2021.

[43] https://www.umweltbundesamt.de/daten/energie/prima-energiegewinnung-importe

[44] **John R. Franchi**: Energy in the 21. Century. World Scientific Publishing, 2011, S. 341.

[45] **Peter Gruss/Ferdi Schüth** (Hrsg.): Die Zukunft der Energie – Die Antwort der Wissenschaft. C. H. Beck, München 2008.

[46] Vermutlich hatten die ersten Lebewesen, Cyanobakterien, am Grund der Schelfmeere mittels Photosynthese Energiegewinnung betrieben. Der dabei anfallende Sauerstoff reicherte sich an bis zu einer Dichte, die die Bildung der Ozonschichten ermöglichte und damit vor etwa 700 Mill. Jahren aufgrund der Absorption harter UV-Strahlung Leben auf dem Festland ermöglichte.

[47] **Alexander M. Bradshaw**: Die Erforschung der Kernfusion; in: P. Gruss / F. Schüth, a.a.O, S. 309.

[48] ebd., S. 308.

[49] vgl. Badische Zeitung 13.8.2011, Die Kraft des Drachens.
[50] https://edison.handelsblatt.com/ertraeumen/das-fliegende-kraftwerk/24677412.html?utm_source= Good+ News&utm_campaign=1549a14c0b-GoodNews_CAMPAIGN_ 2019_19_07&utm_medium=email&utm_term=0_b67140e625-1549a14c0b-271368569&mc_cid=1549a14c0b&mc_ eid= 69fa9f6065/ https://edison.handelsblatt.com/ ertraeumen/ das-fliegende-Kraftwerk/24677412.html?utm_ source=%20 Good.
[51] Siehe: https://www.energiezukunft.eu/erneuerbare-energien/solar/photovoltaik-hoch-ueber-den-wolken/?fbclid=I-wAR2oup-B1XYcq-hAPJlZEavwKSrNhwV54SkHcv6i T9YV_9CDJUYtWqZ1Y-g
sowie https://www.cleanenergy-project.de/technologie/clean-tech/space-solar-power-kommt-bald-die-erste-solaranlage-im-weltall/?fbclid=IwAR2po6 VH nTC8kapLKGqgaG5qypd 5dm d6FgJS9kZaxIf6lhnJZZLHwo4-GuY; https://www.wiwo.de/technologie/green/strom-aus-ballons-energie-fuer-katastrophen-gebiete/13553328.html?fbclid=IwAR38NqeSHbXpON9p WFHDWb2bAkXv6IFp2j2toQFIzJGmGJbxV4uzAVZNUvk.
[52] siehe http://www.iset.uni-kassel.de/oceanenergy/ und http://www.iset.uni-kassel.de/oceanenergy/seaflow_public-download.html
[53] Andererseits sprechen u.a. Aufwand, Entfernung von den Abnehmern und ökologische Einwände gegen den Standort.
[54] Gruss/Schütt, a.a.O., S. 314.
[55] ebd. S. 316.
[56] ebd. S. 6.
[57] Gegenwärtig nutzt der Mensch weniger als ein Zehntausendstel der von der Sonne auf die Erde abgestrahlten Energie.
[58] Der 2014 verstorbene Raumfahrtingenieur in den USA tätige **Peter Glaser** war ein aus Böhmen stammender Jude.
[59] aus Science, Vol. 162, 168 pp. 856-861, zit. aus M. Klimke.
[60] **Michael Klimke**: Systemanalytischer Vergleich von erd- und weltraumgestützten Solarkraftwerken zur Deckung des globalen Energiebedarfs. Dt. Zentrum für Luft- und Raumfahrt, Köln-Porz 2001, S.19ff.
[61] ebd. S.73. Eine Rechnung, die zweifeln lässt.
[62] ebd. S. 21.

[63] https://www.photovoltaik.eu/article-441458-30021/japan-plant-photovoltaik-kraftwerk-im-all-.html

[64] Oder man bringt die Station in eine etwas höhere Umlaufbahn, sodass sie selbst den Fluchtimpuls liefert. Unterstellt wird, dass die Roche-Grenze, die auf Monde in Planetennähe zerstörend wirkt, hier ohne Belang ist. A.C. Clarke hatte wegen der damals utopischen Materialanforderungen das Thema nicht weiter verfolgt.

[65] in 2016 davon Industrie 714, Verkehr 749, Haushalte 665 TWh, sowie sonstiges Gewerbe + Dienstleistungen 411 TWh. (1 TWh = 1 Bill. kWh). https://www.umweltbundesamt.de/daten/energie/ energieverbrauch-nach-energietraegern-sektoren. Zusätzlich verbraucht die Energiewirtschaft selbst annähernd 30 Prozent für Produktion und Bereitstellung.

[66] Einige Gänse und Geier erreichen mittels spezieller Sauerstoffanreicherungstechniken Höhen bis über 12 km. Im Übrigen reicht die Tropopause über den Tropen bis zu 18 km Höhe. Über den Polen liegt sie bei 9 bis 10 km Höhe.

[67] siehe **Weischert, W.**: Einführung in die allgemeine Klimatologie. Teubner, Stuttgart 1991 S.37ff.

[68] https://www.vernunftkraft.de/wie-ist-das-mit-der-kohle/

[69] Für das Jahr 2011 wurden rund 45 Tsd. km² Siedlungs- und Verkehrsflächen ausgewiesen. Davon waren etwa 20 Tsd. km² versiegelt d.h. bautechnisch bedeckt.

[70] *„Schon leichte Cirruswolken lassen diese Wert weiter auf die Hälfte und damit unter 700 W/m² fallen."* Quelle: Sonnenkonstante, Wikipedia.

[71] zweifach leichter als Helium.

[72] Überlegungen einer Mehr-Ebenen-Anordnung wurden wegen der gegenseitigen Abschattung der Ballons verworfen.

[73] https://de.wikipedia.org/wiki/Flugwindkraftwerk.

[74]Kaltfließen oder -kriechen bezeichnet die Verformung bzw. den Abriss von Materialien unter Druck- oder Zugbelastungen bei Zimmertemperatur. Bekannt bei PVC oder auch Glas, verformt sich selbst Stahl durch sein Eigengewicht im Sockel und 'fließt' ab einer Säulenhöhe von ca. 1000 m.

[75] Gewicht von Stickstoff 1,26 kg/m³; Sauerstoff 1,43 kg/m³; Luftgemisch auf Meereshöhe: 1,31 kg/m³.

[76] Gewicht von Wasserstoff in kg/m³.

194

[77] wegen verringerten Sauerstoffgehalts in 14 km Höhe zugunsten des leichteren Stickstoffs.

[78] Die Hüllen moderner Stratosphären-Großballons bestehen aus nur wenige hundertstel Millimeter dicker Kunststofffolie (z. B. Polyethylen), Standardfesselballons bis 0,3 mm.

[79] ggf. zusätzlich in vertikaler Gliederung.

[80] Die Rauten werden im Versatz in Ost-West-Richtung montiert. So werden Abschattungen beim niedrigem Sonnenstand vermieden.

[81] Das Entwicklungspotential von Keramiken lässt künftig möglicherweise neue Konzepte zu.

[82] Die „Reißlänge" ist die theoretische Länge eines Seils in Erdschwerkraft, bei der es unter dem Eigengewicht abreißt.

[83] Für hohe Belastungen werden Befestigungsseile gespleißt. Dazu werden sie in Faserstränge aufgelöst, diese flach gewickelt und in den Seilkörper zurückgeführt. Die entstandene Schlaufe liegt in der Halterung für eine bessere Druckverteilung breit auf. Professionelle Erfahrungen zeigen, dass bei Dyneema-Seilen der Verlust unter 10 % bleibt.

[84] Belastungssenkende Windschatteneffekte hinter den ersten Ballons sind nicht berücksichtigt.

[85] Dyneema bleibt bei statischen, also andauernden Beanspruchungen nur bis zu einem Viertel der theoretischen Belastbarkeit stabil. Anderenfalls wird das Material irreversibel geschädigt. Bis zu etwa 24 Stunden sind jedoch unter dynamischen Verhältnissen auch deutlich höhere Belastungen möglich.

[86] Inzwischen sind (im Labor) Sprungtemperaturen von -23°C realisiert worden, allerdings unter sehr hohem Druck (170 GPa). https://de.wikipedia.org/wiki/Supraleiter#cite_note-6

[87] NT, Mt.10,24.

[88] CIGS: Kupfer-Indium-Gallium-Selenit.

[89] Die Satellitentechnik ist Temperaturen bis +130° C ausgesetzt, zudem ohne Strahlungsbarrieren wie der Ozongürtel in der Stratosphäre. In der Tropopause werden Temperaturen von -40 bis -70° C gemessen. Oberflächentemperaturen unter Sonneneinstrahlung wurden bisher nicht erfasst.

[90] Anderenfalls werden Wärmefilter oder -ableitung erforderlich.

[91] Heliatek, Dresden / Flisom, Niederhasli (Schweiz).

[92] Der Polymerdruck ist bisher nicht serienreif. Die Entwicklung wird

aber wegen der Perspektive sehr geringer Kosten vorangetrieben.
[93] Sie wurden von dem Unternehmen Avancis, Torgau, inzwischen letzte deutscher Kompetenzträger dieser Technologie, hergestellt.
[94] Der Hersteller spricht von einem „ungünstigen Verhältnis von Gewicht und Wirkungsgrad". Offenbar war das damalige Engagement in technologischer Hinsicht nicht ausgereift.
[95] Die Zukunft der Polymerelektronik, Autor: Paul Blom. https://www.mpg.de/9736668/MPI-P_JB_2016.
[96] Das Mineral Perowskit ist chemisch ein Calcium-Titan-Oxid.
[97] IWR, 4.4./18.6./6.11.2018;https://www.iwr.de/news.php?id=35580.
[98] https://www.ingenieur.de/technik/fachbereiche/energie/rekord-wirkungsgrad-von-fast-69-prozent-fuer-duennschicht-photovoltaik/.
[99] https://Industrieanzeiger.industrie.de/allgemein/neue-elastische-keramik-ist-nicht-mehr-sproede-und-bruchempfindlich/ https://www.wissenschaft-ktuell.de/artikel/Hart_wie_Stein__elastisch_wie_Gummi1771015590379.html
[100] Möglicherweise sind sechs Verbindungen sinnvoll.
[101] Daher ist der Ballondurchmesser mit 100 m angesetzt.
[102] https://www.stoff4you.de/Technische-Gewebe/Ballon-seide/Ballon-Seide-Top-Weiss.html
[103] Handelsüblich für Haushalte sind heute 90 ct./m^3. Forschungsansätze zur direkten Spaltung von Wasser durch Solarzellen könnten die Preisgestaltung künftig möglicherweise positiv beeinflussen. Quelle: https://www.solarserverrw.de/solar-magazin/nachrichten/aktuelles/2019/kw02/solarzellen-der-dritten-generation-sollen-direkt-wasser-spalten.html
[104] Quelle: https://ag-energiebilanzen.de/4-0-Arbeitsgemein-schaft.html
[105] https://www.umweltbundesamt.de/daten/energie/ primaer-energieverbrauch#textpart-2 https://www.umweltbundesamt.de/sites/default/files/medien/384/bilder/2_abb_entw-eev-sektoren_2019-02-26.png
[106] 1Liter Superbenzin entspricht energetisch 8,69 kWh.
[107] Die Protagonisten dieser Betrachtung versprechen sich die reelle Chance, den gesamten Bedarf mittels nachhaltiger Verfahren

gänzlich auf dem Boden zu realisieren. Das ist nach der Auffassung des Autors illusorisch und führt zu falscher Sicherheit.

[108] Die atmosphärische **Methan**-Konzentration (CH_4) liegt heute bei 1.800 ppb (parts per billion).

[109] Mit den Worten des Umweltbundesamtes: *Wasserdampf in der Atmosphäre [...] ist [...] deutlich maßgebender für die Erwärmung.* In: Atmosphäre Treibhausgaskonzentrationen. 26.5.2021. https://www.umweltbundesamt.de/daten/klima/atmosphaerische-treibhausgas-konzentrationen#lachgas.

[110]

Weltförderung in Mill. t	**1881**	**1920**	**1980**	**2016/18**
Öl	4	92	3092	4382
Steinkohle	338	1192	2903	6290[1]
Erdgas	0	32	1434	~3600
Summe	**342**	**1316**	**7429**	**14272**
Zuwachs		*974*	*6113*	*6843*
Deutschland Temp.	**7,6°**	**8,2°**	**8,2°**	**10,4°**

Quelle u.a.: Rohstoffwirtschaft International, Band 6, Primärenergie - Elektrische Energie. Verlag Glückauf GmbH - Essen 1974.

[111] Die Kohleförderung wurde von 1880 (47 Mill. t) bis 1920 annähernd verdreifacht. Im Weiteren verdoppelte sie sich nochmals bis 1943 auf 267 Mill. t. Nach dem 2. Weltkrieg hatte sich der Energieverbrauch zwischen 1950 und 1980 wiederum annähernd verdreifacht. Die Stromproduktion (weitestgehend auf Kohlebasis) ist von 1920 mit 10 TWh/a bis 1980 mit 480 TWh/a sogar um das 50fache gestiegen.

[112] https://upload.wikimedia.org/wikipedia/commons/4/43/Bruttostromerzeugung_Deutschland.svg.

[113] https://www.deutsches-klima-koMit nsortium.de/de/klima-faq-8-1.html.

[114] Weltbevölkerung 1800: ca. 1 Mrd. /1960: 3 Mrd.

[115] Eine neuere Studie erwartete die Erreichung der Zwei-Grad-Grenze bereits bei 800 Gt Kohlenstoff. Siehe G. Brasser/D. Jacob/S. Schuck-Zöller; Hrsg., a.a.O., S.13.

[116] **Klimafakten (U. Brenner/Hj. Streif; Hrsg.)** BGR/GGA. Schweizerbart'sche Verlagsbuchhandlung, Stuttgart 2000, S.222.

[117] Der CO_2-Fußabdruckgilt als ein PR-Trick des Öl-Multis BP, um von der eigenen Verantwortung abzulenken und diese dem

Bürger aufzubürden. (**Ralph Eiermann**: Der CO_2-Fußabdruck ist eine Erfindung der Fossilindustrie)

[118] Die Idee, mit etwa 1000 neuen Satelliten den weltweiten G5-Mobilfunk aus dem Weltraum zu gewährleisten, fordert in dreifacher Hinsicht Skepsis heraus. Erstens ist der Aufwand derart vieler Starts und im Weiteren der Steuerung des Systems enorm. Zweitens ist Zweifel an der sicheren technischen Funktion angebracht. Drittens wird damit die Weltraumschrottproblematik endgültig unlösbar, viele künftige Weltraummissionen werden potentiell gefährdet.

[119] https://www.dwd.de/DE/leistungen/solarenergie/ download_dekadenbericht.html;jsessionid= FD650A0CDDEE6CE774B3914F5645654B.live11051.

[120] Info v. 15.11.2021; https://www.zdf.de/nachrichten/politik/eu-umwelt-luftverschmutzung-leben-100.html.

[121] Schätzungen gelangen für das Jahr 2100 auf jährliche Klimaschäden bis zu 100 Bill. \$. Da erscheint ein vorausschauendes Investment von 300 Bill. € als ein gutes Geschäft. siehe **David Wallace-Wells**, „Die Unbewohnbare Erde". Ludwig 2019, S.79.

[122] Ein elektromagnetisches Beschleunigungssystem auf Schienen.

[123] Mehrstufige Antriebe sind deutlich komplexer und bergen Risiken im Übergang zwischen den Stufen.

[124] **Oleg Nizhnik**: A Low-Cost Launch Assistance System for Orbital Launch Vehicles. International Journal of Aerospace Engineering, Japan 4/2012.

[125] Deutlich höhere Geschwindigkeiten würden, zumal in dieser Höhe mit einer Luftdichte von annähernd 10%, aufgrund des Luftwiderstandes zur Überhitzung führen.

[126] Es gibt Hinweise auf vergleichbare Versuche im militärischen Bereich in der unteren Troposphäre: zum einen als "Huckepack" auf Flugzeugen, zum anderen mittels EM-Katapult-Technik. Warum diese Versuche eingestellt wurden, ist nicht bekannt. Möglicherweise waren die erreichten Geschwindigkeitszuwächse für einstufige Konstruktionen zu gering.

[127] Eine handhabbare Größe wäre wohl eher mit einer „Schleuder" zu erreichen. Deren Beschleunigungswerte wären allerdings

so hoch, dass nur Lasten auf diese Weise transportiert werden könnten.

[128] Allerdings erfordern 10 kW eine Schwungmasse von gut einer Tonne. Das müsste als Auftrieb dargestellt werden.

[129] 100 Gigapascal = 1 Mill. Bar. 1Bar entspricht etwa dem Normaldruck am Erdboden. Der Druck in Fahrzeugreifen beträgt zwischen 180 bis 250 kPa.

[130] „Die Supraleitung startet durch". Spektrum der Wissenschaft 1.20, S.12.

[131] Der Consumer-Marktpreis für PV-Paneele liegt zwischen 13 bis 16 €/ kg

[132] Dem Motto folgend, „weil es mit der ersten Million nicht geklappt hat, fangen wir jetzt mit der zweiten Million an", wurde inzwischen „Faktor 10" als Reduktionziel ausgerufen. http://www.oekosystem-erde.de/html/faktor-10.html.

[133] Siehe Bertolt Brecht: „Das größte Problem des Menschen ist der Mensch".

[134] *»Meines Erachtens ist die Frage offen, ob ›gute Absichten + Dummheit‹ oder ›schlechte Absichten + Intelligenz‹ mehr Unheil in die Welt gesetzt haben. Denn Leute mit guten Absichten haben gewöhnlich nur geringe Hemmungen, die Realisierung ihrer Ziele in Angriff zu nehmen. Auf diese Weise wird Unvermögen, welches sonst verborgen bliebe, gefährlich, und am Ende steht dann der erstaunt-verzweifelte Ausruf: Das haben wir nicht gewollt!«* **Dietrich Dörner**: Die Logik des Misslingens. Rowohlt, Reinbek 1989:16.

[135] so von Louisa Neubauer auf der FfF-Demonstration am 13.12.2019 in Berlin vor dem Bundestag formuliert.

[136] Wer der These folgt, dass CO_2 der Hauptfaktor der Erwärmung sei, müsste eigentlich davon ausgehen, dass angesichts einer 50%igen Steigerung des Gehalts in der Atmosphäre die Erwärmung am Ende fast 16° C betragen wird - also 50% mehr als vor Beginn der Industrialisierung, als das Temperaturplus durch die Klimagase bei 31° C lag.

[137] Seit 1950 ist die Menge des Phytoplanktons, Basis aller Nahrungsketten im Wasser, um 40% gesunken. Dies aufgrund der Erwärmung der Meere um weniger als ein Grad. In den nächsten

Jahrzehnten dürfte sich diese Entwicklung drastisch beschleunigen.

138 „Reiche wappnen sich für den Ernstfall", lautet ein Zwischentitel eines Beitrages v. 14.3.2017 in der Berliner Morgenpost, der sich mit dem Immobilienkauf in Neuseeland - „Fluchtpunkt der Apokalypse"- auseinandersetzt.

139 Tagesspiegel. v. 30.7.19; S.1.

140 So haben Erdoberfläche und Atmosphäre zwischen März 2000 und Mai 2004 in etwa 0,9Wm² mehr Energie absorbiert als abgestrahlt. https://www.leifiphysik.de/waermelehre/wetter-und-klima/grundwissen/strahlungshaushalt-der-erde.

141 „Wer die Menschen einst fliegen lehrte, hat alle Grenzsteine verrückt." (**Friedrich Wilhelm Nietzsche**)

142 *„Warum haben wir innerhalb von 20 Jahren den Durchbruch bei der energetischen Gebäudemodernisierung nicht geschafft?"* Diese Frage steht am Beginn eines Seminars der **Heinrich-Böll-Stiftung** im Mai 2021. Das wortwörtlich irdische Streben schafft es ein um das andere Mal nicht.

143 Der neue Gotthardtunnel in der Schweiz wurde mit einer Amortisationszeit von 60 Jahren geplant.

144 Der Vorsitzende des Weltbiodiversitätsrates, **Robert Watson,** zeichnete kürzlich ein düsteres Bild, in dem nur eine Milliarde Menschen die kommenden 100 Jahre überleben. Möglicherweise ist auch das noch optimistisch.

145 Tagesspiegel v. 17.1.2019.

146 das Gnu nicht, dank einer einzigartigen Temperaturregulierung.

147 Und was auch immer noch ersonnen wird – es sollte auf physikalischen Prinzipien, nicht auf chemischen Prozessen beruhen.

148 Tagesspiegel v. 14.7.2019; S.6.

149 *„Wenn du ein Schiff bauen willst, dann trommle nicht Männer zusammen, um Holz zu beschaffen, Aufgaben zu vergeben und die Arbeit einzuteilen, sondern lehre sie die Sehnsucht nach dem weiten, endlosen Meer."*

Ein Satz von **Antoine de Saint-Exupéry** verweist auf das, was letztlich zählt: der gerichtete Wille, gespeist aus einem spirituellen Quell – dem Bestreben, in die vorgefundene Schöpfung konstruktiv gestaltend und befruchtend einzuwirken. Dies, um dem Leben Raum und Zeit für eine weitere Fortentwicklung zu öffnen.

[150] Auf diesen Punkt verdichtet David Wallace-Wells, a.a.O.; S.254, die gesamte Diskussion. Allerdings gelingt es auch diesen Autor, der die aufkommende Katastrophe in ihrer schrecklichen Dimensionen schonungslos beschreibt, nicht, über CO_2-Reduktion, neue Landwirtschaft und Fleischverzicht hinaus ein der apokalyptischen Katastrophe adäquates Lösungsszenario zu entwickeln. (S.263)

[151] die Guttapercha-Presse. Sie diente der Nutzbarmachung einer kautschukähnlichen Substanz, deren Isoliereigenschaften sich hervorragend für den gegebenen Zweck eigneten. Die Erfindung führte zur Gründung der „Telegraphen-Bauanstalt Siemens & Halske AG" im Jahr 1847. Eine kuriose Fügung, dass einer der weltweit bedeutendsten Elektrokonzerne seinen Aufstieg einer mechanischen Erfindung verdankt.

[152] „Das erste Wort über den Ozean", **Stefan Zweig**, Sternstunden der Menschheit.

[153] „Das Kaschmirtal hat ein gemäßigtes Klima. Das Klima kann als kühl im Frühjahr und Herbst, mild im Sommer und kalt im Winter charakterisiert werden." https://de.wikipedia.org/wiki/ Kaschmir_(Division).

[154] Griechenland und Italien gelten in Europa wegen einer Staatsverschuldung von über 100 % im Verhältnis zum Bruttosinlandsprodukt (BIP) als Risikofälle. Dabei schaut man darüber hinweg, dass der japanische Staat mit deutlich über 200% im Verhältnis zu BIP extrem hoch verschuldet ist. Dennoch herrscht keine Krisenstimmung. Das liegt daran, dass 95% der Schulden als Staatsanleihen in den Händen japanischer Bürger liegen. Umgekehrt legen die Japaner den weitaus größten Teil ihres flüssigen Vermögens in eigenen Staatsanleihen an. Es handelt sich also um ein geschlossenes System. Und so lange keiner der Geschäftspartner sein Verhalten ändert, könnten es auch 1000% werden. Es ist der Gemeinschaftsgeist, der für ein konstantes "Gefälle" sorgt. In Deutschland haben hingegen schamlose Politiken in eine globalisierte Zivilisation geführt, der Gemeinschaftlichkeit sehr wenig und individuelle Vorteilnahme sehr viel gilt.

[155] Es scheint, dass der Mensch ist einzige Gattung ist, die dieses Prinzip gegen sich selbst richtet.

156 „Reziproke Akkomodation" bezeichnet die Anpassung der Außenwelt durch den Menschen an die eigenen Bedürfnisse, in Umkehrung des eigentlichen Wortsinnes einer Anpassung an äußere Gegebenheiten.

157 Notwendig wäre eine Reduktion auf ca. 1,5 Milliarden Menschen.

158 s. Einführung: Stolpernde Wissenschaft.

159 http://wiki.bildungsserver.de/klimawandel/index.php/ Meeresspiegelanstieg_in_der_Nordsee.

160 IPPC/TEAP SPECIAL REPORT: SAFEGUARDING THE OZONE LAYER AND THE GLOBAL CLIMATE SYSTEM: ISSUES RELATED TO HYDROFLUOROCARBONS AND PERFLUOROCARBONS, 2007.

161 Handelt es sich um einen entsprechenden Tropfen pro Minute, währt es 60 Tage bis zum Überlauf.

162 zit. aus Wikipedia, Globale Erwärmung.

163 **Hartmut Graßl**: Was stimmt? Klimawandel. Herder, Freiburg 2007:40.

164 s. Teletext ARD, P149, am 11.1.2023 18:00.

165 In etwa zwei Mrd. Jahren wird aufgrund des ständigen Substanzverlustes die Gravitation unter eine kritische Schwelle gelangen und dann wird sich die Sonne mit einem 2000 Grad heißen Halo bis über die Erdbahn ausdehnen und der Planet wird verglühen.

166 https://www.wissenschaft.de/astronomie-physik/sonne-im-jahrtausendhoch/

167 https://www.scinexx.de/news/geowissen/loeste-sonne-klimakapriolen-der-letzten-eiszeit-aus. Im PIK wird allerdings unterstellt, dass derartige Temperaturdynamiken nur in den Verhältnissen einer Eiszeit im Nordatlantik möglich sind.

168 **R. F. Spielhagen, K. Werner u.a.**: Enhanced Modern Heat Water Transfer to the Artic by Warm Atlantic Water. SCIENCE Vol 331, 2011:452.

169 Die Albedo ist das Maß für das Rückstrahlvermögen von diffus reflektierenden Oberflächen. Für die Oberfläche der Erde wurde in den 1950er Jahren eine durchschnittliche Albedo von 43% genannt. Später wurden 38% angegeben. Vermutlich handelt es sich um die „geometrische Albedo". Für die „Sphärische Albedo" werden auf der Basis von Satellitenmessungen seit den neunziger

Jahren 30% festgestellt. Wolken weisen im kurzwelligen Bereich
eine Albedo von 60-90% auf, im langwelligen Bereich von nur
10%. Quelle: https://www. spektrum.de/lexikon/geographie/albedo/. S.a. https://de. wikipedia.org/ wiki/Albedo.
 Tiefe Wolken wirken temperatursenkend. Quelle: https://wiki. bildungsserver.de/klimawandel/index.php/Wolken_im_Klimasystem.
[170] Dieser Wert wird als Sonnenkonstante bezeichnet. Vorausgesetzt ist ein senkrechter Einfall der Sonnenstrahlung. Über die
Gesamtoberfläche gesehen, liegt die solare Energieflussdichte am
oberen Rand der Atmosphäre im Gesamtdurchschnitt nur bei
etwa 340 W/m². Die Differenz beruht darauf, dass stets nur ein
Teil der Erdoberfläche maximal bestrahlt wird. Die Solarkonstante ist in jüngerer Zeit auf 1360 Wh/m² korrigiert worden.
[171] Zur Bestimmung der Albedo gibt es zwei Berechnungsweisen:
die sphärische und die geometrische. Hier wurde die sphärische
Albedo eingesetzt. Die geometrische liegt bei 30%.
[172] http://scienceblogs.de/primaklima/2010/02/11/wie-der-stratospharische-wasserdampf-mal-die-globale-erwarmung-stoppte/
[173] siehe **Buchal, Christoph/Schönwiese Chr.-Dietrich:**
Klima. Mohn Media, Gütersloh 2010, S.75ff. Die Klimaskeptiker
haben dem Buch das Schema als Basis ihrer Kritik entnommen.
[174] Die Quelle des Schemas: Buchal/Schönwiese a.a.O.; S. 74ff.
Dort wird undeutlich erläutert, warum zuweilen die Abstrahlung
größer sein kann als die Einstrahlung. (Das ist eigentlich nur möglich, wenn aufgestaute Energie voriger Perioden zusätzlich abfließt.)
 Im Übrigen ist das in der Wissenschaft weithin akzeptierte Schema
irritierend. Wird doch anderenorts auf eine ca. 30% Aufnahme der
Strahlung in der Biosphäre und vom Boden (z.B. Humusschichten)
verwiesen. Wo etwa sollten sonst die fossilen Energien herstammen? Aus der Erdwärme? Zur Erinnerung: Ohne Einstrahlung
wäre die Erde nach 10 Jahren auf -219° C abgekühlt.
[175] Das gilt unabhängig von der Existenz einer Atmosphäre wie
die irdische, sofern sie frei von Spurengasen ist. Buchal, Christoph/Schönwiese Chr.-Dietrich: a.a.O.; S.72. Im Übrigen würden
immer noch andauernde radioaktive Zerfallsprozesse mindestens
einige Grad über dem absoluten Nullpunkt bewirken. Das ist eine

der Fehlerquellen in den Berechnungen der Skeptiker.

[176] Würde die Sonne als Energiequelle wegfallen, wäre innerhalb eines Jahres ein Temperaturabfall auf -73° C zu erwarten. Nach 10 Jahren wäre die Erdoberfläche auf -219° C abgekühlt. https://www.sat1.de/ratgeber/trends/ein-leben-ohne-sonne-so-wuerde-es-aussehen.

Ohne Treibhausgase läge die Oberflächentemperatur lediglich bei durchschnittlich -18° C. Man kann daraus den Schluss ziehen, dass bis zur vorindustriellen Zeit die Treibhausgase eine Temperaturerhöhung um annähernd 32° C/K bewirkt hatten. Wenn nun eine 50%ige Vermehrung lediglich zu einer Erhöhung um ein Grad geführt hat, sei das Thema überschätzt. Allerdings lässt sich umgekehrt argumentieren, dass das gesamte atmosphärische System sich erst allmählich aufschwingt. Im eingeschwungenen Zustand könnte dann die Erhöhung entsprechend bei 16 Grad liegen, also die Durchschnittstemperatur 29 Grad betragen.

[177] Ob eine lineare Betrachtung den Verhältnissen gerecht wird, sei dahingestellt. Jedenfalls werden Richtung und Größenordnung deutlich, die künftiges Handeln orientieren sollten.

[178] Weischert, W.: a.a.O.; S.99; auch Buchal/Schönwiese, a.a.O., S.77.

[179] Autor: **Elizabeth Gibney** in Spektrum der Wissenschaft 6.19.

[180] Büro für Technikfolgenabschätzung beim Dt. Bundestag **TAB**: New Space – neue Dynamik in der Raumfahrt. TAB-Kurzstudie 1, 2020:50.

[181] Das Magnetbahn-Tunnelkonzept wurde einst vom Autor in der BMBF-Studie „Technologie am Beginn des 21. Jahrhunderts" (Hrsg. **Hariolf Grupp**) in dem Beitrag *„Langfristige Technologieleitprojekte und ihre technologiepolitische Bedeutung"* vorgeschlagen. Physica-Verlag. Heidelberg 1993, S.220-236.

[182] **Achmed Khammas**: Buch der Synergie Teil C: Alternative Antriebe Raumfahrt. 2019, S.33.

[183] Ein regelmäßiger Durchgang durch die van-Allen-Gürtel erfordert allerdings wegen der immensen Strahlung eine Panzerung mit 30 cm starkem Aluminium oder eine mit 10 m Wasser gefüllte Doppelwand zum Schutz der Personen.

[184] Die Fluchtgeschwindigkeit, bei der das Schwerefeld des Mondes verlassen wird, beträgt 2,38 km/s.

Schlussbemerkung

Es ist nicht auszuschließen, dass in den umfangreichen Berechnungen Fehler stecken: seien es triviale Rechenfehler, sei es die unvollständige Berücksichtigung von Faktoren, sei es durch ein unzureichendes Verständnis von Zusammenhängen bedingt. Dazu sei angemerkt: Das Paper erhebt nicht den Anspruch, Blaupause für Technikentwicklung zu sein. Vielmehr geht es insbesondere darum, das Thema in Facetten auszuloten, die bisher unzureichend berücksichtigt geblieben sind. Vor allem aber sollen Wege aufgezeigt werden, die geeignet sind, der wahren Größe der Herausforderung adäquat – also mit Aktionen in neuen Dimensionen – zu begegnen. Nun ist es in der Verantwortung von Politikern, Ökonomen und Ingenieuren, dass zu tun, was bisher nicht gedacht, geschweige denn getan ist: Ganz große Technik realisieren.

zum Autor

Zunächst Bankkaufmann, war er als promovierter Wirtschafts- und Sozialwissenschaftler u. a. im Heinrich-Hertz-Institut für Nachrichtentechnik, zuletzt in der VDI/VDE Innovation + Technik GmbH Berlin zwei Jahrzehnte in leitenden Positionen tätig. Sein fachlichen Schwerpunkte lagen im Spannungsfeld von technischer Innovation, ökonomischen Perspektiven und sozialen Belangen. Ein Schwerpunkt war die Technikfolgenabschätzung. Diese Themen bilden weiterhin einen Fokus seiner Anliegen.